版式设计：
编排技巧与实战运用
（进阶版）

周妙妍 编著

华中科技大学出版社
http://press.hust.edu.cn
中国·武汉

图书在版编目（CIP）数据

版式设计：编排技巧与实战运用：进阶版／周妙妍编著.－－武汉：华中科技大学出版社，2024.10.
ISBN 978-7-5772-1247-0

Ⅰ. TS881

中国国家版本馆 CIP 数据核字第 2024JN1073 号

版式设计：编排技巧与实战运用（进阶版）　　　　　　　　　　　　　周妙妍 编著
Banshi Sheji：Bianpai Jiqiao yu Shizhan Yunyong（Jinjie Ban）

出版发行：华中科技大学出版社（中国·武汉）　　　　　　　电话：（027）81321913
　　　　　武汉市东湖新技术开发区华工科技园　　　　　　　邮编：430223
出 版 人：阮海洪

策划编辑：段园园　　　　　　　　　　　　　　　　　版式设计：周妙妍
责任编辑：刘　静　　　　　　　　　　　　　　　　　责任监印：朱　玢

印　　刷：广州清粤彩印有限公司
开　　本：787 mm × 1092 mm　1/16
印　　张：18.5
字　　数：180千字
版　　次：2024年10月 第1版 第1次印刷
定　　价：169.00元

投稿热线：13710226636　　1275336759@qq.com
本书若有印装质量问题，请向出版社营销中心调换
全国免费服务热线：400-6679-118 竭诚为您服务
版权所有　侵权必究

对读者说的话

在设计过程中，很多初学者不清楚版式到底有什么意义，不知道什么才是好的版式。他们也经常遇到"没有模板就做不出来，面对一堆图文素材时毫无头绪，排出来的版面总是被说很乱"这些情况，为了帮助读者，我编写了这本版式设计图书，对版式设计的知识点进行了全面升级，每一页都是实用的版式技巧。这是我编写的第四本设计图书，我期望每一本书都能真正帮助到学习者。

本书不仅提供排版技巧和提升画面质感的诀窍，而且这些排版技巧能够学以致用。本书通过简单易懂的图文解析、实际案例、视频以及常见的排版操作，帮助读者掌握版式的设计原则以及应用技巧。

本书分为 7 个单元：字的选与用，图像运用技巧，一看就懂的配色技巧，巧妙运用网格，海报设计技巧及案例实操，画册设计技巧及案例实操，平面物料设计技巧及案例实操。这些内容将帮助学习者进入版式设计专业领域，进一步掌握编排技巧。

本书的亮点之一在于最后 3 章的案例实操，通过对 26 个案例进行详细的"Before"和"After"对比分析，对所讲知识进行深入总结与应用，为学习者提供了清晰而易于掌握的设计思路。

希望本书能为设计者提供帮助，激发设计者的创作灵感。设计之路没有尽头，唯有不断学习和坚持，才能进步，祝您学习愉快。

周妙妍
2024 年 5 月

→

Contents

目录

Contents

现 在 ，开 启 您 的 学 习 之 旅 吧 ~

→

Text
Application

（一）
字的选与用

字体的运用，能直接影响版面的美观性，就像人的穿着搭配决定着给人的第一印象。因此，字体怎样选才合适，选对了又怎样运用才有设计感，如何最大限度地使用字体……这些问题是本章内容的重点。

本章主要从"中文字体的选用指南；英文字体的选用指南；中英文混排搭配指南；文字层级视觉化；这些规范，让排版更精致；提升文字表现力的 12 个技巧；标题组合编排技巧；不可忽视的版式问题文字篇"这几个方面讲解不同类型的字体对版面调性、质感的影响，以及如何根据设计的需要合理设置字体大小和间距，以实现最佳的视觉效果和信息传达目的。本章总结了文字处理的 12 种技巧，旨在帮助读者更好地理解和运用字体设计技巧，提升其设计作品的视觉吸引力和传达效果。

01 中文字体的选用指南

在选择字体之前，需要了解各字体的气质特征，以便使所选字体与主题风格相匹配。汉字字体主要分为宋体、黑体、圆体、书法体、设计体和手写体。

章节	内容概述	页码
宋体	具有较强的感情色彩，充满着文化气息，具有秀气典雅、华丽高雅、怀旧复古的气质特征	（12~14）
黑体	具有现代感、科技感、运动时尚感、商业感等特征，无明显的情感表达，适用场景较广泛	（14~16）
圆体	笔画圆头圆尾，带有曲线感和柔和感，具有欢快有活力、亲切温馨、有趣可爱的字体气质	（16~18）
书法体	具有醒目的笔触和真实的笔刷纹理，能打破常规字体的沉闷感	（18~20）
设计体	是对基本字形进行美化和修饰而成的字体，属于装饰性较为强烈的字体	（20~21）
手写体	不像宋体或黑体那么规整通用，保有手写痕迹和瑕疵	（22）

宋体　　宋体，又称为明体或明朝体。字体特点为横细竖粗，横线尾和直线头呈三角状，点呈水滴状，起落笔有饰角，笔画粗细有明显变化。其笔画特征与衬线体（Serif）相似，因此在编排文字时，通常会将宋体与衬线体搭配使用。

（字体: 思源宋体）

阅影展 | Film Festival ✗

阅影展 | **Film Festival** ✓

中文字体: 思源宋体 - Bold
英文字体: FreightBig - Bold

精致
秀气 ↑

思源宋体 ExtraLight

思源宋体 Light

思源宋体 Regular

思源宋体 Medium

思源宋体 SemiBold

思源宋体 Bold

思源宋体 Black

强调
气势 ↓

可以将宋体划分为三大类型，如下：

（字体：筑紫明朝体）（字体：游明朝体）（字体：思源宋体）

传统型宋体　中间型宋体　现代型宋体

←————————————————→

骨架狭窄　　　　　　　　　　骨架宽阔
笔画细节丰富　　　　　　　　笔画细节简化
传统古典历史感　　　　　　　现代秀气高雅

宋体的气质特征

历史
文化　严肃
庄重　秀气
典雅

丰富
情感　怀旧
复古

宋体的适用场景

文化
艺术　学术
研究　奢侈品　餐饮

养生　地产　茶酒

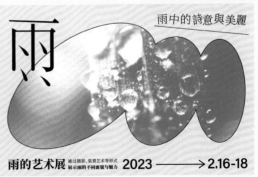

Tips

宋体（免费商用）：

- 思源宋体
- 汇文明朝体
- Zen古董
- 昭源宋体
- 繁媛明朝
- 猴尊宋体
- 装甲明朝体
- 字体圈欣意吉祥宋
- 日本花园明朝体

★ 以上所分享的免费商用字体不排除版权方或字体作者更改授权许可方式。因此，在实际商用时，建议联系版权方或字体作者进行核实。

黑 体

黑体，又称为方体或哥特体。其笔画宽度平均，字形方正，稳中有力，易于阅读。黑体表现出严谨庄重、朴素大方的气质特征，但又过于平板严肃，因此缺乏趣味和个性。其笔画特征与无衬线体（Sans Serif）相似，在进行中英文混排时，两者可以互相配搭使用。

（字体：思源黑体）

奇幻之旅
FANTASTIC JOURNEY ✕

奇幻之旅
FANTASTIC JOURNEY ✓

中文字体：OPPO Sans - Bold
英文字体：Roboto - Medium

极简
细致

思源黑体 Thin
思源黑体 Light
思源黑体 DemiLight
思源黑体 Regular
思源黑体 Medium
思源黑体 Bold
思源黑体 Black

力量
冲击

可以将黑体划分为三大类型，如下：

永 （字体: 黑体）
永 （字体: 蒙纳简黑体）
永 （字体: 鸿蒙黑体）

传统型黑体　　中间型黑体　　现代型黑体

字面狭窄　　　　　字面宽阔
笔画呈喇叭形　　　笔画横平竖直
复古怀旧感　　　　简洁现代感

黑体的气质特征

现代感　科技感　运动时尚

商业感　理性

黑体的适用场景

服装　互联网　奢侈品　餐饮

运动　音乐潮流　男性

Lu 起袖子就能
创造一个美好空间
为你点亮梦想

A Circular
Design
Exhibition

2021
设计循环展

22 JUNE　　08 JULY

春之路

CHINESE TEA

茶之美

CHINESE TEA

设计官招募令

招聘启动

Design

2022.11.09　　WE NEED YOU　　秋季校园招聘

15

联合动力社会责任报告，设计：韩涛

圆体

圆体保留了黑体方正结构的特点，同时字形饱满且带有圆润的边角，拐弯处笔画处理尤为细腻，笔画圆头圆尾，带有曲线感和柔和感。因此，这类字体通常呈现出欢快有活力、亲切温馨、有趣可爱的字体气质。

（字体：江城圆体）

農耕藝術節
2022—03.18
Farm Art Festival

農耕藝術節
2022—03.18
Farm Art Festival

中文字体：江城圆体 - 600W
英文字体：Swis721 BdRnd BT；数字：AQUM TWO

亲切
温馨 ↑
江城圆体 300W

江城圆体 400W

江城圆体 500W

江城圆体 600W

强调
突出 ↓
江城圆体 700W

荆南麦圆体

优设鲨鱼菲特健康体

优设好身体

极影毁片和圆

圆体的气质特征

放松
休闲

亲切
温馨

欢快
愉悦

年轻
有活力

有趣
可爱

圆体的适用场景

女性

母婴
儿童

亲子
活动

甜品

宠物

字体：优设鲨鱼菲特健康体

字体：极影毁片和圆、兵克星耀体

字体：江城圆体、极影毁片和圆

字体：猫啃珠圆体

字体：荆南麦圆体

Tips

圆体（免费商用）：

- 极影毁片和圆
- 优设鲨鱼菲特健康体
- 优设好身体
- 江城圆体
- 猫啃珠圆体
- 荆南麦圆体

★ 以上所分享的免费商用字体不排除版权方或字体作者更改授权许可方式。因此，在实际商用时，建议联系版权方或字体作者进行核实。

书法体

书法体历史悠久，从甲骨文、金文演变而来，一直散发着独特的艺术魅力。书法体主要包括篆书、隶书、楷书、行书、草书。这些字体造型极具特色，自由性强。同一个字用不同书法来表现，传递出来的意境也不同。有的看起来刚劲有力，有的却显得秀气古典。书法如果运用得当，能起到画龙点睛的效果。

篆　篆　楷

方正悬针篆变简体　　隶书　　阿里妈妈东方大楷

鸿雷行书简体　　青鸟华光简行草

端庄高雅
唯美古典

清秀平和
端正典雅

个性艺术
自由随性

篆书	方正悬针篆变简体
隶书	方正隶书简体
楷书	演示秋鸿楷
行书	鸿雷行书简体
草书	青鸟华光简行草

书法体的气质特征

严谨端庄　唯美古典　有文化气息

个性艺术　情感丰富

书法体的适用场景

传统文化　书卷水墨　艺术展览

茶道　餐饮

字体：KswHannyaotamesi、思源宋体　字体：演示佛系体、喜鹊招牌体　字体：钟齐李泺标准草书、思源黑体、
思源宋体

字体：玉ねぎ楷书激无料版、游明朝体、小塚ゴシック Pr6N　字体：演示佛系体

由于一些书法体的笔画较为复杂，识别性较低，因此在编排时一般不超过 5 个字。若与其他字体混合使用，一般推荐搭配宋体或衬线体，这样的搭配方法更为稳妥，呈现出来的整体效果更加协调一致。

字体：鸿雷板书简体

字体：弘道轩清朝体 - 现代版、FOT- 筑紫明朝 Pr5N、Constantia

字体：鸿雷板书简体

字体：魂心、润植家康熙字典美化体

设计体

设计体是在对基本字形进行美化和修饰的基础上形成的字体，属于装饰性较为强烈的字体，具有极高的独特性和创意性。由于这类字体以创意为主，呈现手法及风格非常多元化，因此划分的类型也很多。通常会将设计体划分为美术体、综艺体、卡通体、像素体等。设计体不适合用于编排较长的文章，通常运用在标题或宣传语等吸引受众的位置。

蒙黑体LeeFont
优设标题黑
优设字由棒棒体
猫啃珠圆体
雷盖体

标小智无界黑
快看世界体
仓耳小丸子
字体侠奇特战体
阿里妈妈刀隶体

永 永 永 永 永 永 永 永 永

笔画装饰：多	笔画装饰：少
易读识别性：弱	易读识别性：强
适用范围：狭窄	适用范围：广泛

设计体的气质特征

独特创意　风格多变　个性艺术

宣传促销　引人注目

设计体的适用场景

宣传标语　标题文字

特定主题

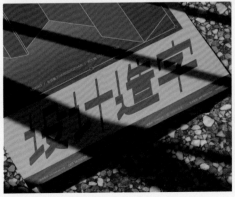

手写体

手写体是使用硬笔或者软笔，如铅笔、钢笔、马克笔、秀丽笔、毛笔等，手写出来的字体。手写体形态各异，有的文艺别致，有的飘逸活泼。它们不像宋体或黑体那么规整通用，而是保有手写痕迹和瑕疵。

字体：胡晓波骚包体

字体：杨任东竹石体

字体：Nishiki-teki 马克笔手写

字体的种类不同，体现出来的风格特征也不同。即便是同一款字体，字重不同，产生的调性也不同。所谓字重，就是字的粗细变化。笔画越粗，厚重感越强。笔画越细，越具有简洁精致感。为了让读者快速地选择合适的字体，下文对不同种类的字体和字重进行对比分析。

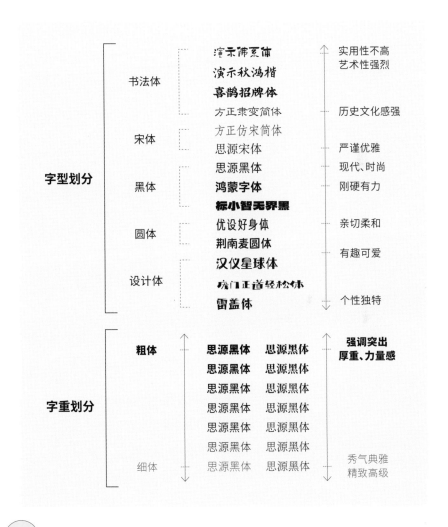

Tips

选择字体应考虑的 5 个因素：

选择字体时，除了要考虑字体的性格气质，还要考虑项目主题、传播场景、情感表达和受众人群，这些因素都会影响字体的选择。

选择字体应考虑的因素

02 英文字体的选用指南

文字是信息传播的主要载体之一，而不同的字体拥有不同的情感属性。根据内容和主题的调性来选择适合的字体，是提升设计品质不可或缺的一部分。英文字体主要分为衬线体、无衬线体、装饰体、手写体和哥特体五种。

章节	内容概述	页码
衬线体	在笔画的前端或末端处有爪形或线形的特征， 而且笔画的粗细有所不同	(24~26)
无衬线体	以几何线条为主，拥有笔直的线条和锋利的转角， 笔画没有多余的装饰	(26~28)
装饰体	又被称为艺术体或非常规字体， 具有高度的图形化特征	(28~29)
手写体	具有醒目的笔触和真实的笔刷纹理， 能打破常规字体的沉闷感	(29~30)
哥特体	属于装饰性很强的字体， 其字形比较重视笔画线条的粗细，以及边角的设计	(30~31)

衬线体

衬线体（Serif）在笔画的前端或末端处有爪形或线形的特征，而且笔画的粗细有所不同。衬线体常用于表达专业、复古、典雅一类的场景主题。按照年代排列，衬线体可分类为罗马衬线体（Old Roman）、旧式衬线体（Old Style）、过渡衬线体（Transitional）、现代衬线体（Modern）。衬线体字形特征与宋体相似，字体具有时髦、经典、高雅的气质。因此，在编排文字时，通常会将衬线体与宋体搭配使用。

（字体：Adobe Garamond Pro）

罗马衬线体（字体: Centaur）　旧式衬线体（字体: Adobe Caslon Pro）　过渡衬线体（字体: Baskerville）　现代衬线体（字体: Didot）

手写痕迹：显著　　　　　　　　　　　　手写痕迹：减少
粗细变化：基本一致　　　　　　　　　　粗细变化：强烈对比
线条笔画：明显弧度　　　　　　　　　　线条笔画：笔直形状
字母"O"角度：倾斜　　　　　　　　　　字母"O"角度：垂直
风格：古老典雅　　　　　　　　　　　　风格：现代时尚

根据衬线造型，衬线体可以分为三类：弧形衬线体（Bracket Serif）、细衬线体（Hairline Serif）、粗衬线体（Slab Serif）。

弧线衬线体（字体: Adobe Caslon Pro）　细衬线体（字体: Didot）　粗衬线体（字体: Zilla Slab）

衬线体的气质特征

华丽高贵　时尚典雅　秀气古典
怀旧复古　情感属性

衬线体的适用场景

服装珠宝　婚礼化妆品　女性杂志
文化艺术　餐饮

your flower

设计：Miuyan Chow

Journeytic

Margot
Joan Lepine
The artisanal smoker

Arbequina　Picual

Cinc Sentits 餐厅品牌设计，设计：Zoo Studio

F/BRAUN 调酒师个人品牌和网页设计，设计：Unlearn Studio

无衬线体

无衬线体（Sans Serif）以几何线条为主，具有笔直的线条和明显的转角。笔画起端和末端没有多余的装饰，笔画粗细基本没有改变。无衬线体主要分为四种类别：旧式无衬线体（Grotesk），人文无衬线体（Humanist），现代无衬线体（Neo-groteque），几何无衬线体（Geometric）。无衬线体字形特征与黑体相似，字体具有简练醒目、时尚简约的气质。因此，在编排文字时，通常会将无衬线体与黑体搭配使用。

Sans Serif

（字体: Helvetica-Regular）

旧式无衬线体　人文无衬线体　现代无衬线体　几何无衬线体

ARG aeg ARG aeg ARG aeg ARG aeg

（字体: Candara）　（字体: Myriad Pro）　（字体: Helvetica）　（字体: Futura）

衬线特征：多	衬线特征：少
粗细变化：明显	粗细变化：基本一致
字形：略圆	字形：正圆
a/e/s 等字母开口：大	a/e/s 等字母开口：小
风格：复古	风格：现代

无衬线体的气质特征

方正醒目　现代时尚　科技未来

简约大气　理性冷静

无衬线体的适用场景

服装奢侈品　互联网　商业促销　餐饮

运动　音乐潮流　教育培训

设计：Miuyan Chow

设计：h3l AG

设计：BROKLIN Studio

装饰体

装饰体又被称为艺术体或非常规字体，其笔画呈现明显的装饰性，具有高度的图形化特征。相较于常规字体，装饰体更能够引起人们的视觉关注，有效地提升画面的设计感和视觉张力。装饰体涵盖了多种风格，以满足各种不同的设计需求。

THENIGHTWATCH
（字体：TheNightWatch）

Curlz MT
（字体：Curlz MT）

Caslon Italian
（字体：Caslon Italian）

Display
（字体：Amosis Technik）

（字体：Misto）

28

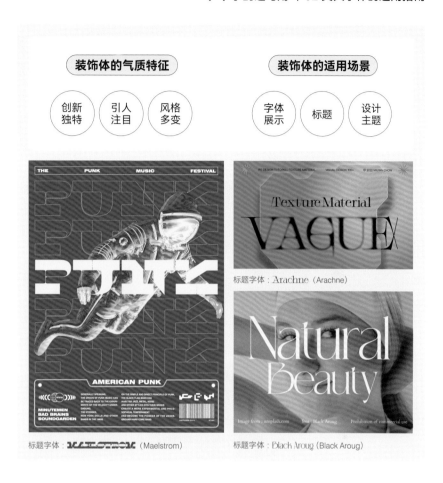

标题字体：MAELSTROM（Maelstrom）

标题字体：Arachne（Arachne）

标题字体：Black Aroug（Black Aroug）

手写体

手写体是通过硬笔或软笔，如铅笔、钢笔、马克笔、蜡笔、毛笔等手写出来的字体。手写体具有醒目的笔触和真实的笔刷纹理，流畅的手写外观能打破常规字体的沉闷感，使作品拥有丰富的层次感，并营造强烈的情感氛围。

Marker Felt

（字体：Marker Felt-Thin/Wide）

PERFECT MOMENT

（字体：Perfect Moment）

England

（字体：England）

Zapfino font

（字体：Zapfino）

Script

（字体：Blenda Script）

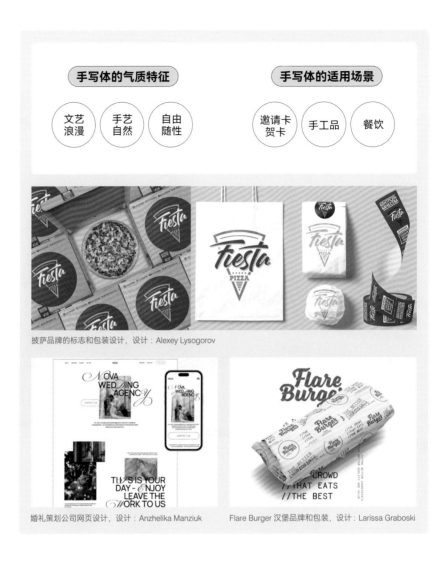

手写体的气质特征

文艺 浪漫 　　 手艺 自然 　　 自由 随性

手写体的适用场景

邀请卡 贺卡 　　 手工品 　　 餐饮

披萨品牌的标志和包装设计，设计：Alexey Lysogorov

婚礼策划公司网页设计，设计：Anzhelika Manziuk

Flare Burger 汉堡品牌和包装，设计：Larissa Graboski

哥特体　　哥特体是一种装饰性很强的字体，其字形比较重视笔画线条的粗细以及边角的设计。在公元 10 — 17 世纪，它曾是风靡欧洲的手写体。这种字体常被用于书写德文。

Blackletter
（字体：FetteFraD）

Old English
（字体：Old English）

Caslon Italian
（字体：Domion Gothic）

UnifrakturMaguntia
（字体：UnifrakturMaguntia）

Scherzo：Chopin's Favourite Gingerbread 饼干包装，设计：Mateusz Witczak

FAT BOY 威士忌标签，设计：Mateusz Witczak

 Tips

手写体、装饰体、哥特体（免费商用）：

- *High Tide*（字体：High Tide）
- *Salted Mocha*（字体：Salted Mocha）
- THENIGHTWATCH
- Borgamasco
- **Audio Nugget**

- *Rowo Typeface*（字体：Rowo Typeface）
- *HEY NOVEMBER*（字体：Hey November）
- Misto
- Kudry
- Montreau

★ 以上所分享的免费商用字体不排除版权方或字体作者更改授权许可方式。因此，在实际商用时，建议联系版权方或字体作者进行核实。

03

中英文混排搭配指南

在编排文字元素的时候，我们接触较多的文字是汉字和英文。当进行中英文混排时，若想让版面更显精致和高级，就要学会中英文字体的搭配。本节内容将为大家整理中英文字体的搭配方法，力求使设计初学者直接套用也能克服字体选择困难症。

宋体 + 衬线体　宋体笔画特征与衬线体相似，因此在编排文字时，一般情况下会将宋体与衬线体搭配组合，也可以将粗衬线体与黑体搭配。

黑体+无衬线体　黑体笔画特征与无衬线体相似，因此在编排文字时，通常会将黑体与无衬线体搭配使用，这样整体看起来会更和谐统一。

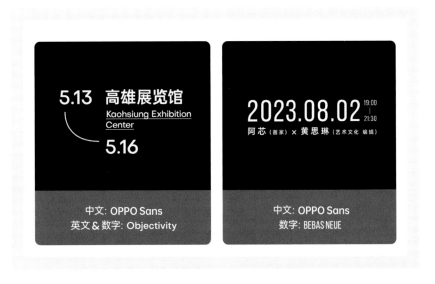

其他字体搭配

咸蛋黄肉酥青团
春 日 限 定

中文: 阿里妈妈东方大楷、潤植家康熙字典美化体

東方美
中國制造

新中式
家具美学

Oriental Beauty
New Chinese
Style
Furniture
Aesthetics

中文: 潤植家康熙字典美化体、楷体
英文: Cardo

墨

2021
08.12-09.10

李｜墨｜书｜法｜展

中文: 令東齐伋復刻體、楷体
英文 & 数字: Crimson Text

中 秋 月 饼

Chinese
Traditional
Festivals

归家的列车，
今晚团圆在今夜。

中文: 汇文明朝体、字体圈欣意吉祥宋
英文: Californian FB

暖心濃湯

严选新鲜食材
厚工熬煮浓汤
暖食好满足

汤

中文: 玉ねぎ楷書激無料版、
阿里妈妈东方大楷

奇妙探險旅

STARGAZING CAMPING

亲子观星露营体验活动

中文: Tanuki Permanent Marker、猫啃什锦黑
英文: HEY NOVEMBER (Hey November)

Forest Early Summer

森林初夏夜

06.01 (Wed)　2022　06.30 (Thu)

中文: 仃频凡胡涂体
英文 & 数字: 猫啃什锦黑

生活时光

2022. 09.01 Thu - 09.30 Fri

品味生活

中文 & 英文 & 数字: 猫啃什锦黑

体育运动

5.01-5.03

装备套装, 限时3天

中文: 千图厚黑体、OPPO Sans
数字: Roboto

好·年·到
新春大酬宾

开年好礼送不停!给你5折起

3C家电｜食品｜美妆｜鞋包｜休闲

中文 & 数字: 猫啃珠圆体、江城圆体

Tips

有关免费商用的字体下载网站：

中文字体：

猫啃网	https://www.maoken.com
100 FONT	https://www.100font.com
字体天下	https://www.fonts.net.cn

英文字体：

THE LEAGUE OF MOVEABLE TYPE	https://theleagueofmoveabletype.com
DEALJUMBO	https://dealjumbo.com
Use&Modify	https://usemodify.com
Fontesk	https://fontesk.com

温馨提示：

★ 以上所分享的免费商用字体不排除版权方或字体作者更改授权许可方式。因此，在实际商用时，建议联系版权方或字体作者再次核实。

★ 在挑选免费商用字体时，建议优先选择"SIL OFL"或者"CC0"协议的字体，因为这类字体的免费商用范围非常大、自由度非常高，所以安全性也非常高。

04 文字层级视觉化

在了解字体的属性和种类之后，接下来需要掌握文字的基本排版技巧。例如，对信息进行层级划分，建立信息的层级视觉化。

章节	内容概述	页码
信息层级关系	文段信息的层级关系，文字信息的拆分与重组	(38~39)
打造文字的层级视觉化	大小对比、粗细对比、透明度（深浅）对比、颜色对比、字体对比	(40~41)

信息层级关系

为了让读者更快速、更清晰地理解和获取有效的信息，我们需要将文字信息进行层级划分。信息越重要，层级越高，越要突出强调。相反，不重要的信息应该被弱化。

文段信息的层级关系

如何把信息有效地传达出来，让读者能第一时间获取重要的信息？文字编排的第一步，就是梳理信息，确定信息的层级关系，建立信息的层级视觉化。

标题	MESSAGE FROM THE CEO 领导寄语
正文	企业目前处于一个极速发展的时期，需要每个环节、每个部门都团结在一起，我们是一个大家庭，一荣俱荣，一损俱损，每个人的岗位可能都是极其平凡的，但正是若干的平凡经过长年的坚持与奋斗，才能缔造一个真正强大的诺亚方舟！
辅助信息	页眉（领导寄语 MESSAGE FROM THE CEO），页码

◑ 以上文字为一段"领导寄语"的信息，以开本为 210 mm×150 mm 的画册展示出来。在编排之前，需要先梳理文本的体例，再根据它们的重要程度划分级别。

优先级别
（突出）

重要信息

次要信息

小型信息

低层级别
（弱化）

🔺 将信息层级罗列清楚之后，通过色彩、大小、字形、位置等对比效果来实现它们的视觉化。一级标题字号应大于二级标题字号，二级标题字号应大于正文字号，正文字号应大于辅助信息（小型文本）字号。通俗来说，要有主次之分。层级越多就越丰富，版面就越有节奏感。

文字信息的拆分与重组

为了使文字信息更加清晰易读、视觉设计感更加强烈，我们可以根据信息的逻辑关系和重要性，将特定的文字信息拆分成不同信息块，然后通过运用对比、对齐、亲密或重复等原则，重新安排和组织这些信息块，使其形成一个的视觉单元。

🔺 在拆分的时候，不能破坏信息的逻辑和语法结构。以上文提到的时间和地点信息为例，将时间拆分为 a 和 b，地点分为 c。通过大小对比、位置变化以及添加"线"元素等手法，重新将它们巧妙地重组在一起。通过这样的处理，你会发现重组后的版面呈现出更为丰富的层次感。

打造文字的层级视觉化

为了突出和区分不同级别的信息，我们可以运用对比原则，通过调整文字的大小、粗细、颜色、字体以及疏密度等对比效果，来增强它们之间的视觉差异。以下整理出 5 种常用的文字层级视觉化的对比方法。

大小对比

通过文字的大小对比来突出和区分不同层级的信息，这也是常用的对比处理。将重要的信息放大、次要的信息缩小，这样可以让读者快速获取版面中的关键信息，同时也提高文字在版面中的跳跃率。

粗细对比

如果调整文字大小未能突显重要信息，不妨通过加粗重要信息的字体来突显重要信息。合理的文字粗细对比不仅可以建立视觉上的层次感，还可以用来实现页面的视觉平衡。

透明度（深浅）对比

通过调整文字的透明度，营造一种近实远虚的空间感。这不仅能增强层次效果，还能达到填补版面空洞的视觉效果，使整体更加丰富。

颜色对比

颜色对比使主要信息更加突出，让层级更加清晰。颜色对比通常包括明度对比、彩度对比和色相对比。通常我们会运用色相对比来强调主次，确定版面中的主色调。另外，需要确保与整体画面的氛围协调，避免使用过多的颜色。

字体对比

字体对比有助于创建层次结构，以实现更好的视觉效果和信息传达。通常会运用对比明显的字体来产生强烈的视觉感。字体对比一般适用于标题、关键字或简短语句。需要注意，字体对比最好控制在三种字体以内。

这些规范,让排版更精致

如果想要文字排版显得精致,应在字号、间距等细节上下功夫。这些微调直接影响版面的视觉效果。接下来我根据多年设计经验总结文字编排的规范。注意,这些规范因情况而异,无固定标准。

章节	内容概述	页码
字号规范	字号的定义、视距与字号的关系	(42~43)
文字间距规范	字距与字间距、字距的四种类型、行距与行间距、行距的三种类型	(44~48)

字号规范

在设计过程中,如何设定适合版面的字号是设计初学者关注的问题。字号的选择需要考虑设计需求、用途、媒体、视距、目标受众等多个因素。以设计一本儿童图书为例,若内文采用 8 pt 的字号,将不利于儿童的阅读,建议选择 10~14 pt 的字号。接下来,我们将从视距的角度来探讨字号选择的规范。

字号的定义

字号指字体的大小,是区分文字大小的一种衡量标准。全角字框反映字体的字号大小;而全角字框里面的文字部分为字面,所形成的框为字面框,字面框反映字体的实际尺寸。

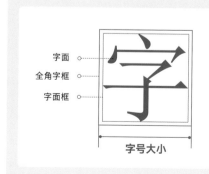

视距与字号的关系

视距指眼睛与物体之间的距离，例如眼睛到书的距离（按厘米计算）即为视距。

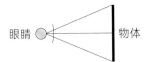

近距：30 cm 左右
正文字号参考：7~12 pt
（较为常用的是 8 pt 或 9 pt。）

中距：200 cm 左右
正文字号参考：48 pt 以上
（也就是 1.7 cm 以上的大小，确保清晰以及美观。）

远距：200 cm 以外
正文字号：字可以尽量放大，但同时要注意保持画面的视觉美感。

大型广告
（楼体广告、车体广告、路面广告等）

Tips

★ 字号需要根据具体的情况来确定，不存在固定不变的字号；

★ 出版印刷正文的字号通常不应小于 5 pt，一般为 8~10 pt（视距为 30 cm 左右）；

★ 标题字号建议以正文字号的 1.2~3 倍作为参考。

文字
间距规范

文字间距的调整是基础的排版工作。当你学会选字后，得先要对字号进行层级的划分，再对文字间距进行微调。间距主要取决于文字内容的层级关系，也受设计者的视觉感受影响。例如行距不能太窄，否则阅读会受上下行文字的干扰；而行距太宽松，则会在版面上留下大面积的空白，使内容缺少延续感和整体感。接下来介绍关于文字间距的规范。

字距与字间距

🔷 **字距**：全角字框的右边框到下一个文字的全角字框的右边框之间的距离。

🔷 **字间距**：字与字之间的距离，也就是全角字框之间的距离。

此为 Adobe Illustrator 2021 软件

🔷 **字距调整**：设置所选字符的字距调整，也就是放宽或收缩整个文本或所选文本中字符之间距离的过程。选择整个文本框或使用光标选取文本后，同时按"Alt"键和"←"/"→"键来调整，或在 [VA ⌃ 200] 输入数值进行调整。

此为 Adobe Illustrator 2021 软件

🔷 **字距微调**：设置两个字符间的字距微调，也就是增加或减少特定字符之间的距离。将光标定位在两个字符之间后，同时按"Alt"键和"←"/"→"键来手动微调，或在 [VA ⌃ 350] 输入数值进行调整。

字距的四种类型

思源黑体 CN Regular
设计与艺术

梦源宋体 CN W11
设计与艺术

方正仿宋简体 Regular
设计与艺术

方正楷体简体 Regular
设计与艺术

此为 Adobe Illustrator 2021 软件

🔺 **默认型字距：** 在字符工具里的"字距调整"数值为 0 ，在字体不同的情况下，由于字形结构和字面框的不同，默认型字距可能会导致字看起来不均匀，影响文字阅读体验和画面美观，因此，不建议所有字体都使用默认字距，除非视觉上没有问题，否则需要调整文字间的距离。

❌ 虽然设计和艺术都涉及创造和表达，但它们在目的、方法和应用方面存在一些不同之处。

使用默认型字距，字距过于宽松，使文段显得松散

✅ 虽然设计和艺术都涉及创造和表达，但它们在目的、方法和应用方面存在一些不同之处。

字距调整为"-25"，字距微调为"视觉"

🔺 **紧凑型字距：** 在字符工具里的"字距调整"数值为负值 ，以缩短字与字之间的距离。通常情况下，会将字距微调设置为"视觉" ，再调整字距的数值 。具体设定需要根据不同的字体和视距来进行。

❌ 傳統手工藝展
Exhibition of
Intangible Cultural

✅ 傳統手工藝展
Exhibition of
Intangible Cultural

要空开一点距离，视觉上要统一字距大小

傳統手工藝展
Exhibition of
Intangible Cultural

要向左缩进字距，与下一行英文形成视觉对齐

这是改前的字距数值

傳統手工藝展
Exhibition of
Intangible Cultural

傳統手工藝展
Exhibition of
Intangible Cultural

🔺 **缩进型字距：** 当某些文字组合编排出现不太舒适的间距时，需要通过手动来微调字符间的距离，让整体字距达到视觉上的平衡和对齐。将光标定位在两个字符之间后，同时按"Alt"键和"←"/"→"键来手动微调，或在 输入数值。

45

在"字距调整"选项中输入正值　　　　在"插入空格（右）"选项中　　　　对文段进行"全部强制对齐"
　　　　　　　　　　　　　　　　　选择全角空格

中　秋　节　　　　艺 术 学 院 展 览　　　纯｜木｜家｜具
　　　　　　　　　　　　　　　　　　　　　　　　纯 木 打 造 · 品 质 生 活

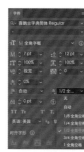

⬤ **留白型字距：** 在字符工具里的"字距调整"数值为正值 ，通常数值在 100 以上才有明显的留白字距。可在 中选择不同的全角空格来增加明显的留白字距，也可选择对文段进行"全部强制对齐" 来快速增大空白字距。

这种留白型字距通常适用于标题或简短的句子中，视觉上由"面"逐渐转变成"点"，与版面中的其他元素形成点、线、面的对比效果，也提升了视觉层次，同时还能营造一种随性而富有意境的氛围。

Tips

当将文字进行竖排时，因字体不同，故竖排时可能导致不同的视觉效果。因此，需要适度增加或缩减字距，以调整文字阅读的舒适度。

竖排文字　　　竖排文字　⮕　竖排文字

（横排和竖排，字距不一样）　　（竖排调整后）

⬤ 在调整字距的时候，除了前面提到的方法，还可以通过调整"比例间距" 的数值来快速缩小文本的字距。

行距与行间距

设计与艺术
设计源于生活

设计与艺术
设计源于生活

🔺 **行距**：某一行文字的顶部与下一行文字的顶部之间的距离为行距，即文字大小加上行间距大小等于行距大小。

🔺 **行间距**：某一行文字的底部与下一行文字的顶部之间的距离为行间距。行间距也可以理解为行与行之间的距离。

行距的三种类型

滚 9pt

滚滚长江东逝水，浪花淘尽英雄。是非成
败转头空，青山依旧在，几度夕阳红。白
发渔樵江渚上，惯看秋月春风。一壶浊酒
喜相逢，古今多少事，都付笑谈中。

字体：思源黑体 - Regular
字号：9pt
行距：18pt，即为字号的 2 倍（9pt + 9pt）

行距 = 字号 + 行间距

此为 Adobe Illustrator 2021 软件

🔺 **正文行距**：正文行距是指在正文部分中，每行与相邻行之间的距离。在 AI 软件的"字符面板"中，行距的数值是通过"字号大小 + 行间距"而得出的。

Tips

行距公式：

通过行距公式能大致计算出行距的数值。这一方法对于初学设计者来说十分实用。注意，也要考虑不同字体和设计风格的情况。

滚滚长江东逝水，浪花淘尽英雄。是非成败转头空，青山依旧在，几度夕阳红。白发渔樵江渚上，惯看秋月春风。一壶浊酒喜相逢，古今多少事，都付笑谈中。

字体：思源黑体 - Regular，字号：8pt，行距：16pt
行距公式 = 8pt×2-（0pt-3pt）

智 42 pt

智慧 "黑精华" ↕行距
深入修复·焕活肌底

间距 (X): 21 pt (0 ≤ X ≤ 1/2 个标题字号)

跨 11 pt

跨界分享 ↕行距
品味生活

间距 (X): 1 pt (0 ≤ X ≤ 1/2 个标题字号)

字体：鸿蒙黑体 - Medium / Light
大标题字号：42 pt，小标题字号：23 pt
行距：63 pt

字体：DFGothic - EB Regular
标题字号：11 pt
行距：12 pt

◐ **标题行距：**在进行标题编排时，标题之间的距离应保持疏密有致，以达到平衡和统一的视觉效果。通常情况下，可考虑将标题之间的距离设置在不超过 1/2 个标题字号的范围内，同时也要根据具体设计情况来调整。

3大核心成分·层层补水

第2代 净化型烟酰胺

为烟酰胺定制搭配了 "乳酸加速体系"
解锁了烟酰胺美白，修复，保湿强大功能

字体：鸿蒙黑体 - Regular，标题字号：23.5 pt

第2代 净化型烟酰胺

为烟酰胺定制搭配了 "乳酸加速体系"
解锁了烟酰胺美白，修复，保湿强大功能

字体：鸿蒙黑体 - Light，内文字号：15 pt

第2代 净化型烟酰胺

为烟酰胺定制搭配了 "乳酸加速体系"
解锁了烟酰胺美白，修复，保湿强大功能

标题与正文之间的距离：
设置在 1~2 个标题字号的范围内

◐ **标题与正文之间的距离：**标题与正文之间的距离不要过大或过小，以免影响阅读体验和版面美感。过小的距离可能导致信息混淆，而过大的距离可能使标题失去与正文的关联性。在这种情况下，可考虑将标题与正文之间的距离设置在 1~2 个标题字号的范围内，以确保较佳的突显效果。

Tips

文字之间的距离受多种因素的影响，包括字体类型、个人视觉感受、设计需求以及风格等。因此，为了找到符合视觉审美的最佳设置，需要尝试设置不同的文字之间的距离，并在实际应用中进行调整。

06 提升文字表现力的12个技巧

为了让文字更有表现力，需要从字型、色彩、排版、图形元素、字距和行距等方面入手，并结合创意手法，使其在设计中体现出独特性和审美性，从而更好地传达设计项目的意图和主题。

章节	内容概述	页码
描边式文字	将特定的文字信息进行描边处理	(49)
路径式文字	沿着路径进行文字编排	(50)
变形式文字	对文字进行不同形态的变形处理	(50~51)
肌理式文字	为文字增加艺术感	(52)
重复式文字	使用重复方法来编排文字，如渐进式大小重复、层叠式重复、平铺式重复、切割式重复	(52~54)
笔画替换式文字	将字的某个笔画或者部件替换为具象或抽象的元素	(55)
立体式文字	通过透视、立体等手法来塑造文字的立体空间感	(55)
块面式文字	逐渐加粗字体的笔画	(56)
颗粒扩散式文字	将文字进行扩散颗粒的效果处理	(56)
模糊式文字	将文字进行局部或整体虚化模糊	(57)
混搭式文字	使画面更具有独特的设计感	(57)
拆分式文字	使文字创造出富有层次感的点线面构成的效果	(58)

描边式文字　将特定的文字信息进行描边处理，这样能够形成线面对比，还能产生近似图形化的效果，增加画面的精致感，使文字更具吸引力和表现力。

路径式文字　　路径式文字就是沿着路径进行文字编排，又简称路径文字。它既适用于开放的路径排列，也适用于封闭的路径排列，使文字产生视觉上的动态效果，为画面增添动感和装饰性。路径文字不会影响它该有的识别度，比常规排列的文字更加灵活、有趣味。

变形式文字　　为了让文字更具流动性，尝试对其进行变形处理。通过不同形态的扭曲，产生不同动态的视觉效果，使文字具有曲线的柔和感，同时也增强版面的动感。另外，需要注意控制字体变形的程度，确保不影响字体的识别度和信息传达效果。

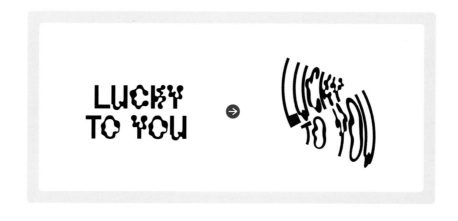

在众多商业海报设计中，通常采用透视、弧形和挤压等变形方式。这些变形方式特别适用于中文标题的处理，可以形成一个全新效果的文字组合。

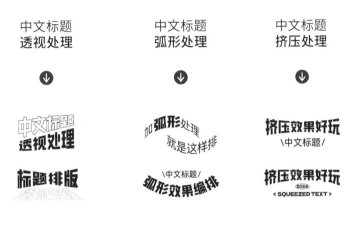

设计：Miuyan Chow

设计：カヤヒロヤ

设计：Elia Salvisberg

Tips

如何在 AI 软件中操作文字的"变形"？

创建文字后，选中文字，再点击"效果"中的"变形"，这里会显示15种"变形"类型，选择合适的类型，随后弹出"变形选项"窗口，在该窗口调整相关的数值即可。

扫码看教程

肌理式文字　添加肌理是为了增加艺术感。肌理指的是物体表面的纹理。如果应用在文字上，肌理不仅能瞬间提升文字的质感，还能营造主题氛围。

重复式文字　在处理文字编排时，使用重复方法来编排文字能为画面创造出更丰富的设计空间。重复构成是平面构成中最基本的一种形式。重复构成是指将基本形进行有规律的反复排列组合，创作出一个全新且具有视觉冲击力的造型。

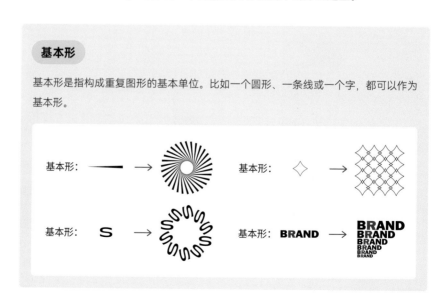

使用重复的技巧来编排文字，不仅能构建主体元素，还能增加视觉设计感。文字的重复可分为四种常见的表现形式，即渐进式大小重复、层叠式重复、平铺式重复和切割式重复。这四种重复方式在实际应用时可以单独使用或混合使用，能达到更加丰富的设计效果。

渐进式大小重复

渐进式大小重复是指将文字由大到小、循序渐进地往一个方向逐步汇集，形成疏密有致的递进式重复排列，使画面产生起伏变化，呈现出一种有节奏性的秩序感。

设计：Yuma Naito　　　设计：Miuyan Chow　　　设计：Muni Studio

层叠式重复

层叠式重复是指在保持文字大小不变的情况下，将文字进行叠加重复，形成层叠效果。设计时，可以调整文字的位置、改变文字的路径方向，使整体更具有强烈的视觉动感和空间感。

（卷轴式的层叠式重复）　　　（对称式的层叠式重复）　　　（平移式的层叠式重复）

设计：another_poster　　　设计：Miuyan Chow　　　设计：Miuyan Chow

平铺式重复

平铺式重复是指通过改变文字的位置或方向，将文字重复平铺排列在版面中。这种重复方式能很好地解决版面空洞的问题，使画面具有强烈的层次感和视觉张力。

设计：Magdiel Lopez

设计：Miuyan Chow

设计：Miuyan Chow

切割式重复

在进行切割式重复的时候，需要保留一个完整的文字，避免降低文字的识别度。切割式重复能给版面带来一种破坏性的设计感。

设计：Miuyan Chow

设计：Miuyan Chow

设计：And Atelier

Tips

混合式重复：

在实际运用时，既可以单独采用一种文字重复方式，也可以混合使用多种文字重复方式。如右图采用了渐进式大小重复，同时还结合了层叠式重复和切割式重复的手法。因此，根据具体的设计需求，灵活运用不同的文字重复方式是相当重要的。

（渐进式大小式重复 + 中心发射的层叠式重复 + 切割式重复）

设计：Manuel Kreuzer

设计：Miuyan Chow

笔画替换式文字

根据字义或者设计要求，将文字的某个或某些笔画替换为具象或抽象的图形，使文字变得灵动且具有感染力，给人一目了然的感觉。

变，设计：许焕枫　　　　黄河印象，设计：许焕枫　　　　设计：Miuyan Chow

立体式文字

通过透视、阴影、立体等技巧来塑造文字的立体空间感。最常见的立体画面法是将文字进行透视处理并增加字体凸出的厚度，形成立体感字体；也可将文字笔画进行拆解，采用几何体来替代某些笔画。

块面式文字　在保持整体字面意义的前提下，逐渐加粗文字的笔画，使其形成饱满而富有力度的面，让字体在版面中传达出强烈的力量感，更为突出和引人注目。

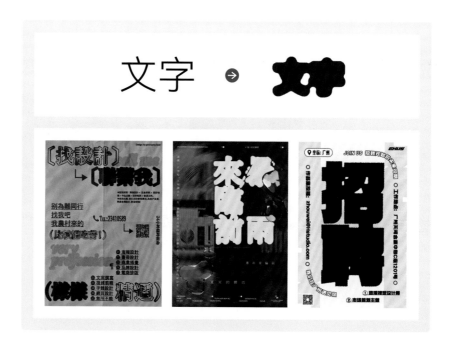

颗粒扩散式文字　将文字进行颗粒扩散式的效果处理，能够使文字形成一种动态感，使文字更具有视觉冲击力。在实现文字的颗粒扩散效果时，设计师可以调整颗粒的透明度和模糊度，以及颗粒的形状、大小、密度和颜色的变化，使其在视觉上更好地融合。

模糊式文字　模糊式文字具有功能性和艺术性。将文字进行局部或整体虚化模糊能达到虚实对比的效果，营造画面的空间层次。

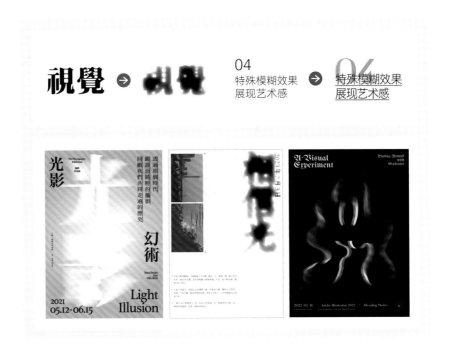

混搭式文字　混搭式文字主要将某笔画替换为字母或其他字体部首，也可结合符号、表情、线条等元素进行编排。版面中可混搭不同风格类型的字体，使画面更具有独特的设计感。这种设计手法与笔画替换式类似，非常适用于潮流设计风格。

设计：Miuyan Chow　　设计：Jiri Mocek　　设计：Andrian Zulkarnaen Nanaki

拆分式文字　通常将关键文字的笔画局部或全部拆散，或者把文字切割成多个独立的部分，重新构建结构，创造出富有层次感的点线面。一般会选择宋体或衬线体进行拆分，因为这类字型笔画拆分后会显得更有层次感。

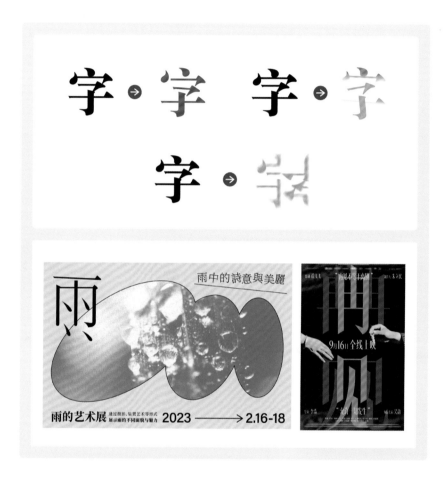

Tips

这里仅整理了一些常见的方式，而实际上还有许多新颖的文字表现形式，如笔画渐变、笔画缺失、笔画断开、直角柔化、添加连笔、分隔错位等。希望这些文字设计手法能够激发大家的创意思维，并在实际应用中提升版面的创造性。无论选择何种方式进行设计，务必确保文字信息之间的连贯性和阅读上的合理安排，因为这才是实用版式编排的关键。

07 标题组合编排技巧

标题编排直接影响版面的布局效果和气质调性。但对于标题的排列却成了不少新手设计师的难题，他们不知道怎样编排才能做出更多变化的标题组合。接下来我们通过本节的内容解决标题编排的问题。

章节	内容概述	页码
标题的文字组成部分	文字部分是标题组合中重要的组成元素	（59）
插入符号、线条、边框图形图像	符号、线条、边框、图形 / 图像	（60~61）
编排方式	横向编排、纵向编排、横纵混排、错位编排	（62~63）

标题的文字组成部分

文字部分是标题组合中重要的组成元素，主要包括大标题、小标题、英文、数字（序号）。文字部分应根据设计需求添加。

通过文字的大小对比来划分信息层级，放大重要信息，缩小次要信息。加强层级间的变化，标题的层次感也更强烈了。

插入符号、线条、边框、图形图像

如果标题只有文字的布局，会显得单调呆板。因此，为了让标题更具有强烈的设计感和形式感，可以根据标题内容来添加不同属性的符号、线条、边框或图形。这些方法也可以运用于时间组合的编排中。

符号

括号：主要具有区分、突出的作用，通常将括号放置在文字的前后，加强文字之间的对比和层次感，使标题更具有个性和趣味性。

【】 [] {} ()
〔〕
限量{原创袋}
(50)元 商城赠券
2023
8/23 [Wed] → 10/16 [Mon]
2023.05.15 {Mon (一) 16:30}
Step (02)
#探索视觉边界
找寻未来

关联符号：具有关联的作用，通常将关联符号放置在具有关联的文字中间。

+ × •
線下展
線上展
2022
SEP.25-DEC.29
7.5预售
购票请上两厅院售票中心
网上订购: www.51donht.com

指引符号：具有引导、串联的作用，如含有箭头的符号。通过将信息互相串联起来作为视觉引导，从而形成正确的阅读顺序。

热烈招募 → 创造者
时尚派对
主题装扮
品牌人
(2023)
3.10-5.10
招募计划
设计提案
DESIGN WORKSHOP
工作坊

线条

线主要有分隔、引导串联、强调突出、平衡的功能性作用，也有装饰的用途。因此，在编排标题的时候，需要考虑线的形态和性质特点来添加线，让标题层次更精致。

| 短线 | 竖线 | 斜线 | 长线 | 双线 | 粗细线 | 虚线 | 波浪线 | 点线 |

边框

边框主要具有整合、强调突出、区分隔开的功能性作用，将标题与边框结合，或圈框住某个文字或文段，可以加强文字间的层级感和统一性，弥补画面的平衡。

| 矩形框 | 圆角边框 | 椭圆形框 | 对话框 | 复古边框 | 描边框 |

图形 / 图像

结合图形或图像元素，能让标题变得更具有创意和个性，并提高画面的趣味性。不过在使用这种方式之前，需要考虑图形 / 图像于信息传递起到什么作用，而不是随意添加。

编排方式　在平面设计中，标题排版不仅需要遵循对齐原则，还需要注意文字的编排方式。四种常用的编排方式包括横向编排、纵向编排、横纵混排以及错位编排。这四种编排方式易于掌握，广泛应用于设计实践中。

横向编排：将文字划分主次层级，把文字从左到右依次排列，再以左对齐、居中对齐、两端对齐来确保标题的秩序感和统一性。这是较为常用的标题编排方式。

纵向编排：对信息进行主次层级划分后，将文字从上到下排列，并遵从从右向左的阅读顺序，再采用顶部对齐或上下两端对齐等对齐方式，以确保标题整齐美观。

横纵混排

同时出现"横排"和"纵排"

横纵混排： 对信息进行主次层级划分后，文字同时以横向和纵向排列，并遵从对齐原则，利用混排和对齐留有的负空间留白，使标题更显个性和格调。

错位编排

保持文字大小不变的同时
进行文字"基线偏移"的调整

① 在保持文字大小不变的同时，通过对部分文字进行基线偏移或缩进来创造错落的视觉效果，从而打破常规的文字排列方式。

改变文字大小，以竖向的错位排列

改变文字大小，以横向的错位排列

② 改变部分文字大小后，对其进行基线偏移的调整，错位所产生的空间可以摆放英文或其他装饰元素。

08
不可忽视的版式问题 文字篇

具有情感或文化调性的标题编排

在处理标题内容时，特别是涉及情感或文化调性的主题时，尝试将标题字体调整为书法体，并采用错位编排的方式，以更好地营造主题的氛围感。

Before

人内心最深切
一份情感
The Real Emotion

字体：思源宋体

After

人内心最深切
一份情感
The Real Emotion

字体：喜鹊古字典简体

适当对文字添加肌理质感

通过给文字添加肌理材质的质感，可以增强文本的艺术性和表现力。这种处理方式不仅使文字更具触感，也为文本注入与主题相关联的氛围情感。

Before

中国 美味相伴 好味

After

中国 美味相伴 好味

字体：演示秋鸿楷

Before

After

字体：演示秋鸿楷、Book Antiqua

学会做减法，减少多余的元素

在版面编排时，遵循做减法的原则十分重要。例如通过调整元素的大小、颜色或排列顺序，确保信息层次清晰，避免混淆。做简单而有力的减法，可以让设计更加聚焦、易读、美观，同时可以确保传达的信息更为明确。

Before

After

远方那道光

字体：文悦后现代体

当对文字进行倾斜时，并不是旋转

当对文字进行倾斜时，通常是将文字的字体倾斜，而不是整体旋转文字。倾斜文字可以通过调整文字的倾斜度来实现。这样的调整能增加文字编排的变化，使得设计更加生动，同时保持文字的易读性。

习惯将文本段落两端对齐、末行齐左

将文本段落两端对齐、末行齐左是常用的段落对齐方式。这种方式使得每一行的左右两端对齐，而最后一行则保持左对齐，使文本形成整齐而规范的编排规律。在设计软件中，通常在"段落"面板选项中点击"双齐末行齐左"按钮 即可实现。

Before

習慣把文本段落
兩端對齊、末行齊左

在版式設計中，左右均齊的排列方式是指在文字段落的每一行中，從左到右的長度是完全相等的。當使用左右均齊的編排方式時，段落最終排列的形狀往往是非常規整的。也正是這項特徵，使得畫面表現出規範有度的效果。

After

習慣把文本段落
兩端對齊、末行齊左

在版式設計中，左右均齊的排列方式是指在文字段落的每一行中，從左到右的長度是完全相等的。當使用左右均齊的編排方式時，段落最終排列的形狀往往是非常規整的。也正是這項特徵，使得畫面表現出規範有度的效果。

当文字与背景之间的色差不明显时

当文字颜色与背景颜色反差不够大时，会影响文字信息的识别度。那么，在不改变文字颜色的前提下，可通过为文字添加描边或阴影的方式，使其在背景中更为突出和明显。提高文字与背景之间的视觉分离感，可以改善可读性。

Before

未來書店

After

未來書店
（添加描边）

未來書店
（添加阴影）

字体：江城圆体 - 700W

Before ✗

左对齐

文字虽然左对齐,
但是在此版面上显得拥挤

After ◯

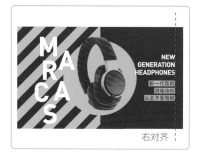

右对齐

文字进行右对齐后,左侧留有负空间,
形成一定的留白和平衡感

Before ✗

孤行
版式设计是现代设计者所必备的基本功之一。

版式设计是指设计人员根据设计主题和视觉需
求,在预先设定的有限版面内,运用造型要素
和形式原则,根据特定主题与内容的需要,将
文字、图片(图形)及色彩等视觉传达信息要素,
进行有组织、有目的的组合排列的设计行为过
程。寡字

After ◯

版式设计是现代设计者所必备的基本
功之一。

版式设计是指设计人员根据设计主题
和视觉需求,在预先设定的有限版面
内,运用造型要素和形式原则,根据
特定主题与内容的需要,将文字、图
片(图形)及色彩等视觉传达信息要
素,进行有组织、有目的的组合排列
的设计行为与过程。

按版面的视觉效果
调整文字对齐方式

为了达到页面平衡并留白,可
以调整文字的对齐方式。如
左图,改后的文字是右对齐,
虽然这种对齐不太便于阅读,
但在视觉上显得活跃,同时
保持了留白和平衡感。由此可
见,不同的对齐方式产生不
同的版面效果。

避免
孤行寡字

孤行:出现在页面顶端,新
开一列的单行文字。

寡字:与孤行类似,通常是被
排版成单独一行的单个文字。

→

Image
Techniques

（二）
图像运用技巧

图像在设计中是最直观的元素之一，它能直观传达重要的信息并营造情感氛围。设计师应当善于运用图像，在图文编排时综合考虑图像的展示方式、位置摆放、大小对比以及视觉效果。

本章主要从"用对图，设计更到位；原来图片还能这样操作；提升图片视觉的 5 种技巧；少图与多图的编排技巧；不可忽视的版式问题图像篇"这几个方面解析在设计中如何巧妙搭配不同图像，以及使用特定的效果和滤镜来增强图像的视觉吸引力。图像的合理运用不仅可以提升视觉效果，还能够增强信息传达的效果，使整体布局协调。

01
用对图，设计更到位

图像的视觉冲击力远远超过文字。设计师在确定主题之后，就要根据主题来选择合适的图像进行编排布局。那么，图像包含哪些呢？这里我分为三大类，分别是图片、插画、信息图。

章节	内容概述	页码
图片	直观地呈现所要传达的内容和情感氛围	（70~71）
插画	插画的风格类型多样，包括扁平插画、剪纸插画、肌理插画、像素风插画、立体插画等	（72~73）
信息图	信息图主要分为四种类型：图表、图标、图示和地图	（73~77）

图 片 图片主要采用写实拍摄的方式，能够直观地呈现所要传达的内容和情感氛围。使用图片时，要求图片具有高质量和高清晰度，不建议使用构图混乱、模糊的图片，以免影响视觉美感和画面质感。

🔴 将图片置入不规则形状中，通过给图片建立"剪切蒙版"来实现。这样做可以提高版面的灵活性和趣味感，同时使设计更具吸引力。

⬤ 根据图片的重要性，合理调整图片大小，将图片的主次关系和层次感体现出来，让版面更显张力，而不是平平无奇。

《Orchestre national de Lorraine 2016-2017》洛林国家管弦乐团宣传册，设计：Nouvelle étiquette

插 画

插画是一种基于手绘、数码或混合媒介技术创作的图像，也是设计中重要的视觉元素之一，用于传达信息或情感。插画的风格类型多样，包括扁平插画、剪纸插画、肌理插画、像素风插画、立体插画等。插画可以表现出创作者独特的风格和创意，能为设计带来个性化的视觉上和情感上的互动。

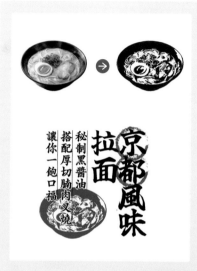

▲ 将图片转为版画效果，可以为图片添加纹理和层次感，增添独特的艺术气氛。

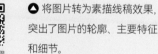

▲ 将图片转为素描线稿效果，突出了图片的轮廓、主要特征和细节。

扫码看教程

▲ 使用矢量几何绘制图片，采用渐变色使图形具有立体效果。整体画面以黄色和红色搭配，文字分列上下，插图位于中心，形成上中下构图。

插画风格类型：矢量几何插画，设计：Lucia Pham　　　插画风格类型：肌理插画，设计：Jose Berrio

插画风格类型：矢量描边插画，法式小酒馆的品牌设计，设计：Lara Khoueiri

信息图

信息图是将难以理解的信息或数据转化为可视化形式的一种方式，以创造出有趣的信息图形，使信息能够更迅速直观地传达。这个过程也被称为信息图形化。信息图主要分为四种类型：图表、图标、图示和地图。它们广泛应用于企业画册、PPT 演示文稿、提案报告、年度报告等设计中。

图表　　　　　　　　图标　　　　　　　　图示　　　　　　　　地图

图表

图表的应用非常广泛，它能让我们方便地阅读大量的数据，并能清晰地理解数据之间的关系。常见的图表类型包括扇形图、折线图、柱状图、散点图、山形图等。图表的选择取决于要传达的信息和数据的性质。

年度报告设计，设计：Hussain Mohammed Al Bakri

Steelcase Sustainbility Report（年度报告）设计

表格可以说是最基本的图表。为了提升表格的整体美感和可读性，需要对表格重新设计后再把它运用到页面中。也可以将数据或产品说明等内容以表格形式展示，从而更清晰地传达信息。

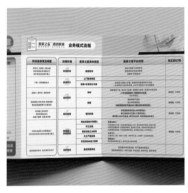

家装公司折页设计，设计：Miuyan Chow

商业航天产品手册，设计：韩涛

图标

图标是一种简化的符号，通常用于代表特定的概念、功能或对象，能快速传达信息、快速识别或作为导航元素。因此，在整理设计文案时，有意识地将某些信息转化为图标是很关键的。这样做不仅能减少过多的文字注释，还能使设计更加简洁和具有形式感，使信息的逻辑更加清晰明了。

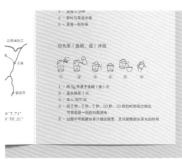

茶产品手册，设计：Miuyan Chow　　　　　　　商业航天产品手册，设计：韩涛

图示

图示是一种以图形化形式呈现信息、数据或概念的视觉表达方式。它常用于展示组织架构图、流程图、示意图、企业发展历程图等。通过图示，信息可以以更直观的方式传达，同时还能提升版面的设计感。

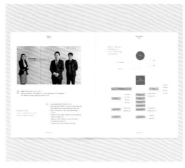

设计：Zutter　　　　　　　　　　　　　　　设计：design purple

▲ **组织架构图：**将企业组织划分为不同部分，并显示各部分之间的关系。适当调整线条和颜色可为版面增添时尚感。在选择配色时，应注意使用与主题相关的同色系，以实现视觉上的统一和谐。

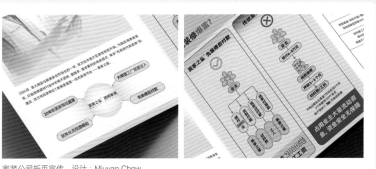

家装公司折页宣传，设计：Miuyan Chow

▲ **流程图：** 通过使用不同形状的图形、箭头和线条来展示流程内容。通过视觉化手法，以直观形象的方式呈现，帮助读者清晰理解流程思路。

中国发展研究基金会 2021 年刊，设计：韩涛　　联合动力社会责任报告，设计：韩涛

▲ **发展历程图：** 一种以图形化形式展示组织、企业或项目的演变和发展过程的图表。通过线性设计，可将企业发展历程以时间线的形式呈现。也可借助场景图片，将时间与内容相结合，创造出具有场景感的整体效果。

教育手册，设计：PROJECT531（project531.com）　　雨水收集环保工程宣传册，设计：Miuyan Chow

▲ **示意图：** 通常用于解释或说明某件事物或想法的概念。它以简洁明了、直观易懂的方式传达信息，并通过图形或插图补充文字无法解释的内容。

地图

个性化的地图能够让设计更加出色。地图在应用程序中的使用非常普遍，也常出现在一些画册、杂志或其他物料设计中。地图可分为扁平式地图和 3D 立体地图，选择适合的地图类型可以让设计更具个性和吸引力。

地图以区域形式展示

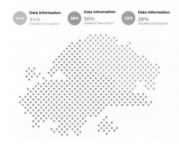

地图以区域形式展示（设计：The Heads of State）

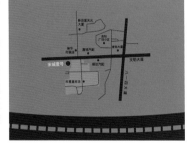

地图以点形式展示

地图以线性形式展示

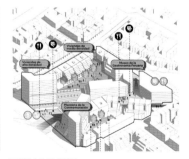

地图以插画形式展示

地图以立体形式展示

Tips

当版面信息量过少而不足以支撑版面时，可以采取二次提取的方法，将信息进一步精炼，并以视觉图形化的方式呈现，形成新的元素。这样就能填补空白的版面，让版面更加丰富。

02 原来图片还能这样操作

图片在设计中是最直观的元素之一，能直观传达重要的信息并营造情感氛围。因此，设计师应当善于运用图片，尤其是在编排图文时，无论图片数量多少，都需要综合考虑图片的展示方式、位置摆放、大小对比以及视觉效果处理等技巧。

章节	内容概述	页码
置入矩形	是一种常见的展示方式，能有效保留图片的细节	（78~79）
置入圆形	在版式中呈现出柔和、活泼的形象	（80）
置入不规则形状或字形	是一种对图片进行创意裁剪的方法	（80~81）
去底图	将背景删除，只保留图片中需要的部分	（82~85）

置入矩形

将图片置入矩形中是一种常见的展示方式，这样可以有效保留图片的细节，可给人一种稳重和安静的感觉。但如果没有控制好图片的大小、位置以及图文编排方式，很容易使画面显得呆板。

◆ 在这些内页编排中，图片采用矩形框展示，不仅有助于保留图片的细节，还有助于在页面中形成规范而整齐的编排规律。

当使用矩形图时，为了解决版面单调的问题，会将图片的一边或多边超出版心范围并靠近页面边缘，经过裁切之后不留空白，这就是出血图。出血图分为单边出血、两边出血、三边出血，甚至是铺满整个画面的四边出血。巧妙地运用出血图的排版方式，能给版面带来另一种视觉张力。

单边出血　　　　　两边出血　　　　　三边出血　　　　　四边出血

Tips

图片出血的好处是能提高版面的利用率，特别是在编排少图少字的版面时，图片出血是填补空白的有效方法。但是在使用这种方式时，不能将图片中的重要信息放置于书籍订口或切口处。

置入圆形　圆形图是一种常见的图片展示方式，它突破了矩形方正的规整样式，在版式中呈现出柔和、活泼的形象。圆形图可以呈椭圆形、正圆形，也可以呈具有圆角特征的圆角矩形。

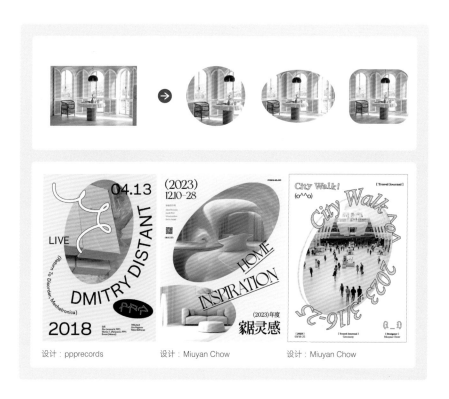

设计：ppprecords　　　设计：Miuyan Chow　　　设计：Miuyan Chow

置入不规则形状或字形　将图片置入不规则形状或字形中，是一种对图片进行创意裁剪的方法，主要通过建立"剪切蒙版"的技巧来实现。这种处理方式为版面增添更多的灵活性和留白感。

⬥ 将图片置入英文字母"X"中，能消除常规图片编排的单调印象，使整体设计产生强烈的空间感和大片的留白。

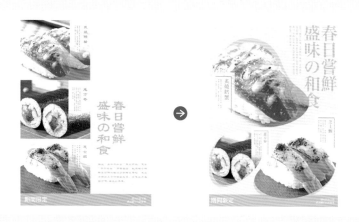

⬥ 图片置入方形中显得格外古板，整体的活跃感和张力不够。可以选择圆角的形状，使视觉效果更加柔和，并使版面显得更有节奏感和变化性。

APRISCO - Identidade Visual，设计：John Dias

⬥ 将图片置入不规则形状中，大胆地对图片进行裁切，并留出足够的留白，使整个版面更显设计感和趣味性。这也是近几年比较热门的设计趋势之一。

去底图

去底是指对图片中具体图形的外轮廓进行抠图，并将背景删除，只保留图片中需要的部分，而这种形态的图片也可以叫"自然形图"。这种处理方式比较灵活，没有固定的规律。去底图由于不包含背景，因此能够更好地与其他视觉元素相融合，更显设计感和空间感。另外，去底图有两种呈现方式：全部去底图和局部去底图。

全部去底图

全部去底图是沿着图中主体轮廓进行精确的抠图，将图片的背景全部删除，仅留主体部分，使其更容易融入不同的版面编排中，增加排版的灵活性。这种方法能够消除图片中复杂、不协调的背景，使图片的视觉形象得到提炼，让主体形象更加醒目突出。

▲ 带背景的图片不好直接用于设计。如果直接添加文字，则可能显得缺乏高级感。因此，我们可以将图去底。

▲ 将主要文字信息放在页面右上角，去底图放在左侧，形成对角构图。再添加多彩的几何图形作为画面的点或面，创造出强烈的层次感，给人留下深刻的版式印象。

（叠压在其他图片或文字上）

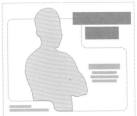

（以"容器"的方式处理）

🔺 可以考虑将图片叠加在其他图片或文字上。或者把去底图置入"容器"中，而这些容器可以是图形或字形，甚至是某个形态。同时，让去底图超出容器边界，以增加图片的层次感。

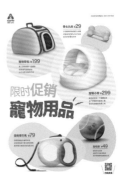

设计：Freepik（freepik.com）　　设计：Miuyan Chow　　　　设计：Miuyan Chow

🔺 虽然去底处理并不万能，但只要善加运用，便能充分展现其优势。以海报设计为例，不论是少图或多图，甚至是少文本或多文本，巧妙使用去底图都能使画面更加凝练。

局部去底图

局部去底是首先保留部分背景，然后抠掉不必要的区域。这种局部抠图方法既能保留背景，又能增加层次感和突显主题的效果。随后，可以根据设计需求添加色块、线框等元素，进一步提升整体视觉效果。

🔺 采用局部去底的方式，能够显著增强画面的空间感和立体感，使版面更具创意性。这种处理手法常常被用于需要强调立体视觉效果的画面。

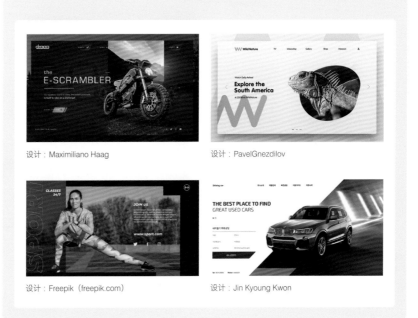

设计：Maximiliano Haag

设计：PavelGnezdilov

设计：Freepik（freepik.com）

设计：Jin Kyoung Kwon

⬥这一方法类似于用剪刀将图片主体粗略剪裁，保留主体轮廓的同时保留背景，使抠图呈现出剪贴画的效果。在进行图文编排时，这种处理方式更能增强图片在版面中的灵活性和图形化，使版面具有手工的拼贴感，显得随性和有趣。

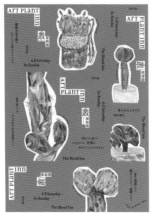

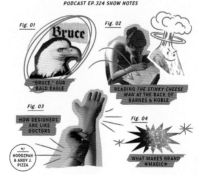

来自 qusamura.com

设计：Amy Hood（www.hoodzpahdesign.com）

⬥剪裁后的图片更容易融入不同的版面设计中，增加排版的灵活性。这有助于强调视觉元素的独特性，从而提高整体设计的视觉效果。

提升图片视觉的5种技巧

不同大小、色调、视角或质量的图片分布在版面上，就会产生不同的视觉印象和画面气质。对图片进行特别的效果处理能为设计增添质感，营造独特的氛围。

章节	内容概述	页码
渐变映射	通过不同的颜色映射到原始图像的亮度值上，改变图像的整体氛围	(86~87)
半调效果	为图像创造出独特的像素化艺术效果	(88~89)
模糊虚化	通过模糊来虚化背景，突出视觉焦点	(90~91)
置换效果	进行纹理映射、物体变形、文字效果或图像合成的应用	(92~93)
仿印刷质感效果	添加一种类似于印刷效果的痕迹、颗粒、毛糙和墨迹的真实质感	(94~95)

渐变映射　渐变映射是 Photoshop 软件中常用的图像调整工具，通过不同的颜色映射到原始图像的亮度值上，改变图像的整体氛围，创建出丰富的艺术效果。渐变映射作为常用的设计手段，能够形成强烈的对比，增加画面的层次感。

设计：Miuyan Chow　　　设计：Arzum Şentürk　　　设计：Yannick Nuss

🔺 这种视觉处理方法，不但能让原本单调的画面变得更时尚，相比普通色彩的图像，更明确表现出特定的氛围。

🔺 这种炫酷而强烈的荧光渐变效果，主要通过执行 Photoshop 中的"反相"、"滤镜"和"渐变映射"命令来实现。多彩的渐变形成热感应视觉效果，为版面带来强烈的视觉吸引力和设计感。

扫码看教程

🔺 渐变映射能快速优化质量较差的图像，瞬间提升画面质感，形成一个全新的视觉效果，这也是拯救"烂图"的方法之一。

半调效果

半调效果是通过改变半调点的大小、密度、角度、形状来模拟图像的明暗变化，模拟出连续色调的图像效果。这种效果能增强图像的艺术性、风格化或者产生独特的质感。半调效果能体现怀旧复古感，也带点时尚的调性。对于半调效果，可以使用 PS"位图"模式所提供的"半调网屏"选项，或者使用"彩色半调"滤镜来实现。

设计：Miuyan Chow   设计：Daniel Wiesmann   来自 Tulane School of Architecture

⬆ 以上海报的图像经过半调技术处理之后，体现出复古或传统的印刷风格，并产生丰富而细腻的肌理质感。

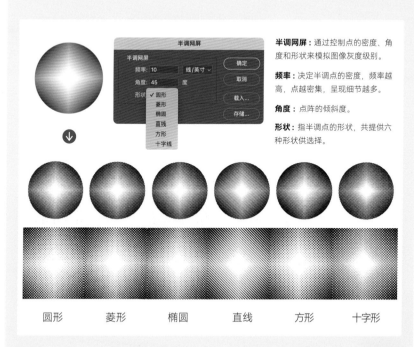

半调网屏：通过控制点的密度、角度和形状来模拟图像灰度级别。

频率：决定半调点的密度，频率越高，点越密集，呈现细节越多。

角度：点阵的倾斜度。

形状：指半调点的形状，共提供六种形状供选择。

圆形　　菱形　　椭圆　　直线　　方形　　十字形

⬆ 在 Photoshop 中，如果文档为 RGB 或 CMYK 颜色模式，首先需要将文档转为"灰度"模式，再转为"位图"模式进行"半调网屏"的设置。详细操作请扫右侧二维码观看教学视频。

扫码看教程

⬤ 在 Photoshop 中，首先对文字执行"高斯模糊"命令，调整模糊的数值；然后将文字转为"位图"模式，用半调网屏方法处理；最后把图像转为 RGB 颜色模式，以便上色。详细操作请扫右侧二维码观看教学视频。

扫码看教程

Tips

Photoshop 中的"彩色半调"滤镜效果：

在 Photoshop 中，"彩色半调"滤镜可以直接应用于 RGB、CMYK 或 Lab 颜色模式的图像。通过在各个通道上应用半调网屏技术，模拟图像连续色调的变化，创造出印刷质感的艺术视觉效果。

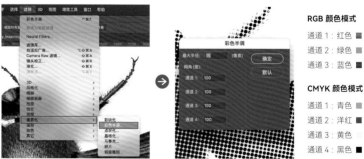

RGB 颜色模式

通道 1：红色 ■
通道 2：绿色 ■
通道 3：蓝色 ■

CMYK 颜色模式

通道 1：青色 ■
通道 2：洋红 ■
通道 3：黄色 ■
通道 4：黑色 ■

最大半径： 设置半调点的最大半径值，取值范围为 4~127（像素）。

网角（度）： 设置各个颜色通道的半调点排列的角度，取值范围为 -360~360（度）。在不同的颜色模式下，通道所对应的颜色也不同。当通道的角度设置相同时，网点将以相同的角度排列，意味着通道的网点将彼此对齐重叠。如果通道的角度设置不同，则会形成错位的半调效果。

模糊虚化

在平面设计中，"模糊"这个概念对设计师来说并不陌生，而且它的使用率非常高。通过模糊来虚化背景，不仅能突出视觉焦点，还能虚化前景，营造空间层次感，形成一种烘托朦胧的氛围。因此，模糊虚化能为设计带来不一样的视觉感受。

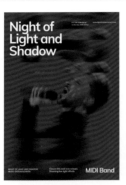

设计：Marin Studio

设计：Tao

设计：itCraft

设计：Ольга Свиридова

🔺 除了将图片进行常规的模糊虚化处理，还可以增加毛玻璃（玻璃质感）效果来提升通透的质感，并使画面显得更加轻盈干净。

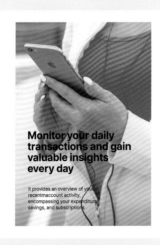

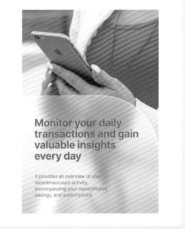

🔺 玻璃质感为画面增添了细腻感和透明感。它不仅是一种效果，而且逐渐演变成一种设计风格，广泛应用于产品展示、UI 界面、图标等设计中。简单的玻璃质感可以通过 Photoshop 来实现。

扫码看教程

🔺 海报中的玻璃质感是使用 Illustrator 中的"高斯模糊"、"玻璃"和"渐变"等命令来实现的。通过调整参数，能快速制作出具有赛博朋克风格的玻璃设计效果。

扫码看教程

Tips

Photoshop 软件中的"模糊画廊"滤镜：

在 Adobe Photoshop 软件中，"模糊画廊"滤镜是一种用于创建艺术效果的模糊滤镜。它提供了 5 种模糊工具，分别为场景模糊、光圈模糊、移轴模糊、路径模糊和旋转模糊。一般根据视觉需求选择合适的模糊工具，调整模糊的强度、方向或角度等。

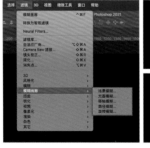 

打开 Photoshop 软件，点击"滤镜"→"模糊画廊"，选择合适的模糊工具。另外，对象需要栅格化或转换为智能对象后才能继续。

91

置换效果　　为了丰富图像或文字的艺术效果和肌理质感，一般会通过使用 Photoshop 的"置换"滤镜效果，将一个图像的细节、纹理或形状应用到另一个图像或对象上，进行纹理映射、物体变形、文字效果或图像合成的应用，从而创建出令人惊叹的特殊效果。置换效果也是设计师常用的视觉手段。

设计：Jason Liu　　　　设计：Roman Postovoy　　　　设计：Miuyan Chow

🔺以上海报的视觉效果都可以通过"置换"滤镜来对文字或图像创建纹理、扭曲变形的变化来实现。

🔺如何让水滴中的文字更显逼真的质感？可以运用 Photoshop 中的"滤镜"→"扭曲"→"置换"命令，使文字呈现出错位的视觉效果，并让画面生动起来。具体操作可扫右侧二维码观看视频。

扫码看教程

92

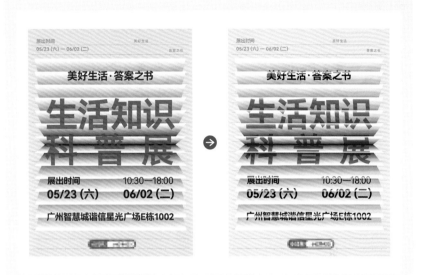

🔺 如何将文字置换到翻页中？首先把翻页的图形绘制出来，将其保存为 psd 格式，作为置换文件的用途。接着把文字转换为智能对象，执行"滤镜"→"扭曲"→"置换"命令，具体操作请扫右侧二维码观看。

扫码看教程

🔺 如何使文字具有肌理质感？将文字编排布局好后，把中间的主体文字转换为智能对象，执行"滤镜"→"扭曲"→"置换"命令，再通过"高斯模糊""混合模式"来增加质感。具体操作可扫右侧二维码观看视频。

扫码看教程

Tips

"置换"滤镜的效果取决于所使用的置换图像和源图像的质量和特征。不同的置换图像和参数设置可以产生截然不同的效果，因此在使用"置换"滤镜时，可能需要进行多次尝试和调整，以达到预期的效果。

**仿印刷
质感效果**

这类设计具有随机性的纹理效果，具有一种类似于印刷效果的痕迹、颗粒、毛糙和墨迹的真实质感。这种效果不仅能瞬间提升画面的质感，还能营造出文艺、复古和有趣的主题氛围。通常会使用 Photoshop "滤镜库"中的"素描"来生成这种效果，或者借助肌理材质的素材来生成这种效果。仿印刷质感效果也是设计师常用的视觉手段之一。

设计：sara.and.misc 设计：Miuyan Chow 设计：Miuyan Chow

🔺 不同类型的印刷质感可以传达不同的情感、营造不同的氛围，能够使画面看起来更真实，也让受众可以感受到不同的印刷质感、颗粒感和纹理感，从而增强独特的艺术视觉效果。

 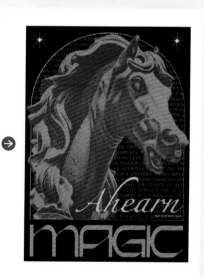

🔺 如何让画面具有真实的印刷质感？通过 Photoshop 中的"滤镜"→"滤镜库"→"素描"→"半调图案"和"撕边"效果，画面可呈现出印刷后毛糙和墨迹的质感效果。具体操作可扫右侧二维码观看视频。

扫码看教程

🔺 对图像添加一些网状点、瑕疵或磨损的效果，能够更好地传达复古老的感觉。通过 Photoshop 软件来实现这种网状点复古效果的设计，主要执行"滤镜库"中的"网状点""半调图案"效果命令。具体操作请扫右侧二维码观看。

扫码看教程

→

🔺 文字具有细节丰富的颗粒感，给设计增添质感，营造独特的氛围。通过 Illustrator 软件来实现这种颗粒噪点效果的设计，编辑文字内容不会改变外观效果。使用 Illustrator 软件来实现这种设计，主要执行"内发光""铜版雕刻"效果命令。具体操作请扫右侧二维码观看。

扫码看教程

🔺 在文字上添加斑驳做旧的纹理或质感，使其看起来富有一种复古、历史感。通过 Illustrator 软件来实现这种斑驳效果的设计，编辑文字内容也不会改变外观效果。使用 Illustrator 软件来实现这种设计，主要执行"撕边""喷溅"效果命令。具体操作请扫右侧二维码观看。

扫码看教程

04

少图与多图的编排技巧

版面的信息密度直接影响着画面的布局与编排。在少图的情况下，如何增加画面的丰富度和变化性？而当遇到多图时，又如何保持画面的整洁而不使画面显得单调？要做到这两点，除了掌握图片处理技巧外，设计师还需要掌握不同数量图片的布局思路。

章节	内容概述	页码
少图编排	少图少字、少图多字的编排技巧	（96~98）
多图编排	通过 5 种思路，合理地处理多图的编排问题	（99~103）

少图编排

在平面设计中，少图情况可以分为单图、双图和三图，指的是在一个页面中使用不超过三张图的情况。在进行设计之前，除了确定图片数量，还需要明确页面的文本体系。

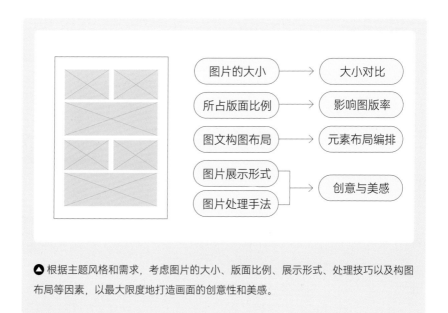

🔺 根据主题风格和需求，考虑图片的大小、版面比例、展示形式、处理技巧以及构图布局等因素，以最大限度地打造画面的创意性和美感。

少图少字

① 放大图（特写、微距）

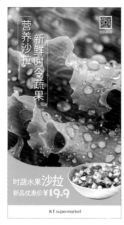

⬛ 在少图少字的情况下，为了避免版面空洞的问题，通常将图片放大（图片特写、微距），提高版面的图版率。特写或微距拍摄能起到放大图片细节、强化内容的作用，使画面具有吸引力。另外，运用特写镜头表达的图片，往往给我们一种高级品质感。注意，应以不同的构图布局图与文的位置，使画面达到平衡。

② 放大字（关键文字）

设计：Miuyan Chow　　　　设计：colors-design　　　　设计：Miuyan Chow

⬛ 放大关键信息的文字，再以"大字报"的形式编排，使信息更为明显而突出，进一步增强画面的吸引力和视觉冲击力。

③ 图片外形 + 效果处理

将图片叠加,形成虚实结合的"双重曝光"效果

将图片"置入形状"中,调整文字的编排方式和层级关系

倾斜排列文字,使整体画面达到统一的平衡性

🔺 除了对图片进行放大外, 还需考虑其展示形式和处理方式, 如双重曝光、重复布局, 或者将图片置入形状或文字中、图像蒙版等方法, 再通过运用大小、肌理、疏密、重复、留白等技巧丰富画面。

少图多字: 控制文本层级关系和留白

设计:kayahiroya(conico)

设计:Jerry

设计:TKD DESIGN OFFICE

联合动力社会责任报告, 设计:韩涛

🔺 在少图多字的情况下, 特别需要注意文本的层级关系和留白的运用, 确保充分传达版面中的信息, 避免混乱和拥挤。

多图编排

在一个页面中，有四张或以上图称为多图。当图片增多的时候，更多考虑的是对图片进行大、中、小三个级别的分类，明确图片的主次关系，以图片的展示形式和处理方式来合理地编排。如果处理不好，很容易造成版面的拥挤和凌乱。可以按以下 4 种思路来布局多图。

1) 保持图片的大小和形状一致

如果图片处于同等级别，可以保持它们的大小和形状一致，并以方形或圆形等形式重复排列。这种布局方法在众多设计中被广泛应用，能够使版面在视觉上显得整齐清晰。

🔺 将图片的尺寸和形状保持一致，以实现规整清晰的视觉效果。这种排列方式容易缺少变化，使版面显得过于同质化。

🔺 在多图的情况下，最好设置网格来辅助编排布局，这样可使版面变得更加灵活，图片和文字能够更加合理地排列在版面上。以上内页（页面尺寸为 210 mm×285 mm）设置"水平"和"垂直"网格线间隔都为 9 pt、子网格线都为 6 的文档网格。将图片调整为相同形状和大小，在网格的辅助下，有助于确保文本和图片以清晰有序的方式布局和对齐。

99

2) 保持图片形状一致，改变图片大小

若图片属于不同级别，可改变图片的尺寸并保持形状不变。图片的大小对比使版面呈现出强烈的视觉层次感，让读者在阅读过程中不会产生审美疲劳。

设计：Lamm & Kirch　　　　　设计：Miuyan Chow　　　　　设计：Studio Remco van Bladel

商业航天产品手册，设计：韩涛

⬆ 合理地调整图片大小，把图片的主次关系和层次感体现出来，让版面更显张力。

⬆ 将图片以方形形状展示，再改变图片的尺寸形成大小对比，让整体版面产生节奏变化。这也是通过调整图片的跳跃率来提升画面层次感的一种方法。

3) 置入不同形状图形或文字中

图片在版面中占有很大的比重，如果改变图片的形状来编排，在视觉上可以让画面更丰富灵活。在同一个版面中，图片的形状最好控制在 4 种以内，尽量保持统一感。

设计：Asuka Watanabe

KDAC BROCHURE，设计：design purple

4) 将图片进行去底处理

将图片的背景去掉，留下主要的部分，这样的做法可以节省图片在版面的空间，从而最大限度地利用空间去编排，甚至跟其他视觉元素搭配使用，更显设计空间感。

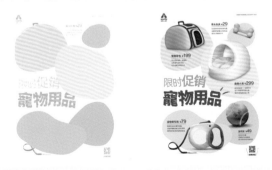

⬆ 去掉图片背景后，围绕标题（关键文字信息）进行排列。注意，图片大小并非千篇一律，而是张弛有度。在图片下添加色块，不仅能聚焦视线，还能增强层次感。

🔺 运用色块或边框将多张去底图片包围起来，并将图片紧凑地排列，使它们群组一起，让读者很自然地将视线集中在图片上，同时画面也变得更加清晰明了。

🔺 将重要信息放置在中心，去掉图片背景后，再以环形围绕的方式排列。为避免图片显得分散凌乱，添加线条，将多张图片串联起来。这不仅增强了整体的统一性，线条还具有引导和连接的功能。

🔺 将图片以类似"S"形或"C"形、"Z"形的形式进行排列，如上图"S"形具有穿针引线的作用，可以把画面中散乱的视觉元素串联起来，让画面具有韵律感和协调感。

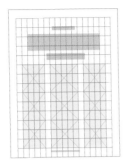  

🔺 当页面中有大量的图文信息时，使用格子来布局元素，能很好地保证视觉元素的对齐。将图片、文字等信息放置到等分后的格子中，能有效整理页面的图文信息，得到一个清晰的结构，使信息清晰明了、一目了然。

🔺 图片采用局部退底的形式，类似使用剪刀把图片的主体粗略地裁剪出来，再将图片堆叠聚集起来，不仅使画面视线集中，也让页面留有足够的留白。

 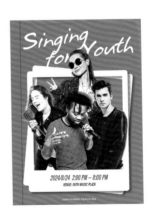

🔺 将图片嵌入不规则的形状、文字甚至其他特定轮廓中，随后将图片进行去除背景的处理，同时把去背景后的图片超出形状边界来打破常规，增加层次感或编排的灵活性。

103

05 不可忽视的版式问题 图像篇

学会调整 图片的视角

当图片主体具有方向性的时候，应当在主体视线前方留出足够的空间。如右图所示，人物眼神具有明显的方向性，向左看去，应当在人物的左侧留出充分的视觉余地，确保主体与前景之间形成足够的空间感，避免画面显得拥挤和压抑。

图片的 方向性

除了人物的眼神具有方向性外，动作同样表现出方向性。如右图所示，人物朝左奔跑时，体现不了冲刺的力量感。人物朝右奔跑，展现出强烈的力量感。因此，在进行图文排版时，这一点值得特别留意。

Before

After

Before

After

往回跑的感觉，体现不了冲刺的力量感

向前冲的动作，才能体现出强烈的力量感

文字应清晰地
出现在图片上

当文字和图片不能明显区分时，会导致读者阅读困难。如果无法修改文字颜色，可以在图片和文字之间添加一个色彩层，增加文字与背景的对比度和识别度。

Before

After

学会选择
高质量的图片

如果选择的图片有太多的视线焦点，看起来会显得凌乱而拥挤。因此，要学会选择高质量和构图干净的图片作为主图，让传达的信息更突出，这样画面看起来才会更美观而有档次。

Before

After

图片有太多的视线焦点，会产生凌乱感

选择画面干净的图片来突出焦点

避免添加
过重的阴影效果

不要低估阴影效果的重要
性，如果处理不当，可能会影
响整体的质感。阴影无须过
分夸张，适度而精致的处理
更为合适。

Before

After

阴影过于粗糙

阴影适度而精致更为合适

调整图片色调，
达到统一感

图片的色调会影响整体版面
的平衡和质感。特别是版面
内有多张图时，如果大部分
图片的色调或气质相差太大，
会使版面凌乱。因此，要尽
量调整图片整体的色调，使
其达到版面的平衡统一感。

Before

After

Before

After

文字与图片层叠，
形成强烈的层次感

将文字部分与图片交叠，让文字的一部分覆盖在图片上，使图片叠压在文字上，形成视觉上的重叠感，使整体呈现出更丰富的层次感。同时，确保文字颜色与底层图片相互搭配，以便在层叠时仍然保持良好的可读性。

Before

After

画面在视觉上显得比较平淡

添加暗角后，空间感瞬间呈现出来

给画面添加暗角，
增加空间感的氛围

"暗角"是摄影领域的术语，指的是画面四角出现的变暗效果，又称为"晕影"。实际上，并非四角必须都变暗，只要能够营造出光影聚焦的效果即可。这种处理能让画面更具空间感和深邃感。这种手法的运用需要根据设计情况而定。

→

Color
Matching

（三）
一看就懂的
配色技巧

作为一种非语言的信息传递方式，色彩能帮助观众更快速地理解和记忆信息。色彩不仅是设计的视觉元素，更是信息传递和情感沟通的重要工具。它不仅能够传递丰富的情感，还能寓意和象征不同文化和社会背景。因此，合理地运用色彩，能够高效而精准地表达设计主题，从而更好地引起与品牌、产品或服务的情感共鸣。

本章主要从"色彩入门必备知识、色块在版面中的作用、这样配色更有效、不可忽视的版式问题色彩篇"这几方面的内容，结合不同色彩应用的案例，帮助读者更好地理解色彩原理及把握色彩搭配。掌握这些知识后，设计师将能够更灵活地运用色彩，提升设计作品的感染力和视觉效果。

01

色彩入门必备知识

牢固的色彩基础知识，例如色彩的三要素、色轮理论、色彩关系和色彩模式等，能帮助设计师精准地调整和控制色彩。这些知识为设计师提供了指导，使得色彩搭配更具有美感和视觉效果。

章节	内容概述	页码
色彩三要素	色相、纯度、明度	（110~113）
色相环	12 色相环的基本知识	（114~115）
色彩关系	类似色、邻近色、中差色、对比色、 互补色、分裂互补色、三角配色、四方色	（116~121）
色彩模式	RGB 模式、CMYK 模式、 专色（Pantone 潘通色）	（122~123）

色彩三要素　　色彩的三要素包括色相、纯度和明度，它们是定义色彩感知的基本特性。我们在辨别色彩的时候，首要感知的是色相，接着是纯度和明度。为了能快速地掌握配色的技巧，我们首先需要了解色彩基础知识和原理。

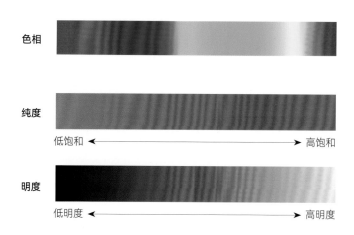

色相

纯度

低饱和 ◄──────────────► 高饱和

明度

低明度 ◄──────────────► 高明度

色相

色相是指颜色的相貌，是我们直观感受到的"色彩"，也是区别各种不同色彩的标准。
基本色相有六种：红 橙 黄 绿 蓝 紫。色相在配色中发挥着至关重要的作用，能
直接影响画面的视觉效果和主题印象。

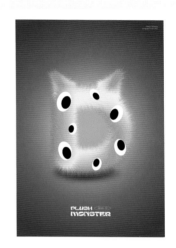

当知道怎样区分色相后，如何来选择色彩的深浅呢？这时候我们需要通过软件的拾色
器来更快速地了解色彩三要素。打开 Photoshop 拾色器，位于右侧的 HSB 是表示什
么呢？由 HSB 模式来看，"H"代表色相，"S"代表纯度 / 饱和度，"B"代表明度。

▶ 当选中"H"项后，左侧呈现一个色相
带，从下往上色相度数为 0°到 360°，上下移
动滑块选择所需的色相。或者在"H"选项
中输入范围为 0°~ 360°的色相数值。另外，
当滑块在 0°处时为红色，将滑块从下往上
移动，到 360°处时变回红色，因此这些色
相形成了色相环。

▶ 当选中某一色相时，加入黑色或白色，色
相并没有改变，相反明度或纯度发生变化。

蓝色箭头：⟷
从左到右为 S（纯度 / 饱和度）的变化，数
值范围为 0% ~ 100%，逐渐变鲜艳。
红色箭头：⟷
从上到下为 B（明度）的变化，数值范围为
100% ~ 0%，逐渐变深暗。

纯度

纯度是指色彩的鲜艳程度，也是色彩的饱和度。饱和度较高的颜色看起来更加鲜艳，而饱和度较低的颜色则更加淡。在实际配色设计中，调整纯度可以使相同的色相产生不同的效果。

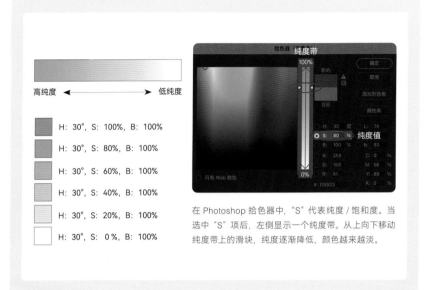

高纯度 ←——————→ 低纯度

H: 30°, S: 100%, B: 100%

H: 30°, S: 80%, B: 100%

H: 30°, S: 60%, B: 100%

H: 30°, S: 40%, B: 100%

H: 30°, S: 20%, B: 100%

H: 30°, S: 0 %, B: 100%

在 Photoshop 拾色器中，"S" 代表纯度 / 饱和度。当选中 "S" 项后，左侧显示一个纯度带。从上向下移动纯度带上的滑块，纯度逐渐降低，颜色越来越淡。

◭ 纯度通常以百分比（0% 到 100%）表示，在设定 B（明度）为 100% 的情况下，当 S（纯度）为 0% 时，为白色（无色彩鲜艳度）；当 S（纯度）为 100% 时，纯度最高，是完全饱和的颜色。

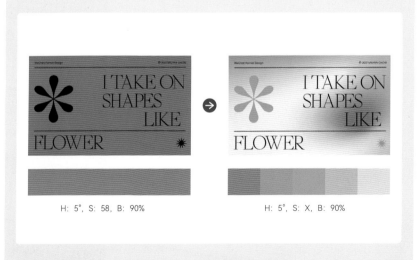

H: 5°, S: 58, B: 90%

H: 5°, S: X, B: 90%

◭ 在以上示例中，在保持单一色相和明度的情况下，调整纯度，以渐变的形式填充背景，实现和谐而丰富的视觉效果。这种配色方法也可以称为同色系配色。

明度

明度是指色彩的明暗程度，也称为亮度，反映了色彩的深浅变化。较高的明度表示颜色更为明亮，而较低的明度则表现为颜色更暗沉。以红色为例，它可以呈现出明亮红和深暗红的不同变化。在无彩色中，明度最高与最低的颜色分别是白色与黑色；而在有彩色中，明度最高与最低的颜色分别是黄色和紫色。

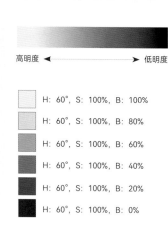

高明度 ◀━━━━━━━━━━━━━▶ 低明度

H: 60°，S: 100%，B: 100%

H: 60°，S: 100%，B: 80%

H: 60°，S: 100%，B: 60%

H: 60°，S: 100%，B: 40%

H: 60°，S: 100%，B: 20%

H: 60°，S: 100%，B: 0%

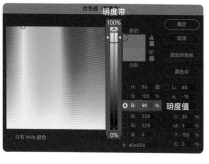

在 Photoshop 的拾色器中，"B" 代表明度。当选中 "B" 项后，左侧显示一个明度带。从上向下移动明度带上的滑块，明度逐渐降低，颜色越来越深暗。

🔺 明度通常以百分比（0% 到 100%）表示，在设定 S（纯度）为 100% 的情况下，当 B（明度）为 0% 时，为黑色；若 B（明度）为 100% 时，为最亮的颜色。

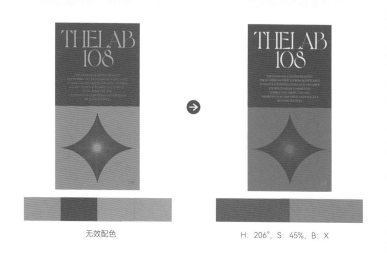

无效配色

H: 206°，S: 45%，B: X

🔺 在以上示例中，左图由于色相和色调变化过于强烈，看起来杂乱无序。相反，右图在保持单一色相和纯度的情况下改变明度的差异，使画面呈现统一而沉稳的主题印象。因此，当对配色技巧掌握不到位时，可通过改变纯度或明度来进行配色。

色相环

色相环是以三原色为基础混合而成的色环，也称为色轮。常用的色相环有 12 色、24 色、48 色三种。把三原色等量混合得到间色（二次色），再把三原色与间色等量混合得到复色（三次色），即组成了 12 色相环。

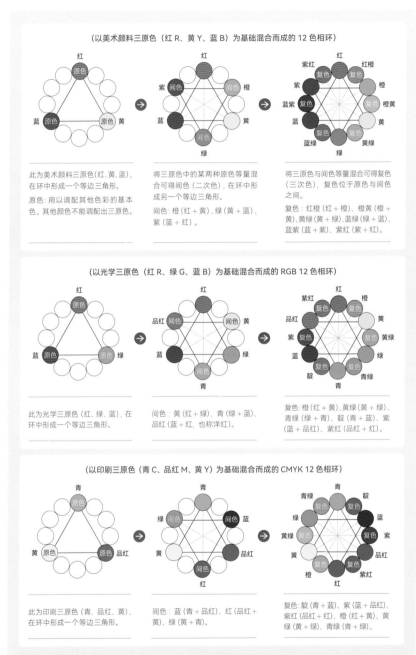

（以美术颜料三原色（红 R、黄 Y、蓝 B）为基础混合而成的 12 色相环）

此为美术颜料三原色（红、黄、蓝），在环中形成一个等边三角形。

原色：用以调配其他色彩的基本色。其他颜色不能调配出三原色。

将三原色中的某两种原色等量混合可得间色（二次色），在环中形成另一个等边三角形。

间色：橙（红＋黄）、绿（黄＋蓝）、紫（蓝＋红）。

将三原色与间色等量混合可得复色（三次色），复色位于原色与间色之间。

复色：红橙（红＋橙）、橙黄（橙＋黄）、黄绿（黄＋绿）、蓝绿（绿＋蓝）、蓝紫（蓝＋紫）、紫红（紫＋红）。

（以光学三原色（红 R、绿 G、蓝 B）为基础混合而成的 RGB 12 色相环）

此为光学三原色（红、绿、蓝），在环中形成一个等边三角形。

间色：黄（红＋绿）、青（绿＋蓝）、品红（蓝＋红，也称洋红）。

复色：橙（红＋黄）、黄绿（黄＋绿）、青绿（绿＋青）、靛（青＋蓝）、紫（蓝＋品红）、紫红（品红＋红）。

（以印刷三原色（青 C、品红 M、黄 Y）为基础混合而成的 CMYK 12 色相环）

此为印刷三原色（青、品红、黄），在环中形成一个等边三角形。

间色：蓝（青＋品红）、红（品红＋黄）、绿（黄＋青）。

复色：靛（青＋蓝）、紫（蓝＋品红）、紫红（品红＋红）、橙（红＋黄）、黄绿（黄＋绿）、青绿（青＋绿）。

🔺 由于存在不同的色彩系统，色相环也分很多种，而每个色相环的三原色也不同。如用于美术绘画颜料的 RYB 色相环、用于电子设备显示的 RGB 色相环、用于打印印刷的 CMYK 色相环。因此，在使用色相环进行配色时，应根据场景的需求来选择色相环。

设计领域常用的是 RGB 色相环，因此通过 RGB 色相环的色彩关系来构建配色方案是非常合适的方法。为了在设计过程中更灵活地搭配颜色，我们可以打开 Photoshop 的"色轮"窗口，使用色轮能更直观快捷地处理色彩的平衡问题。

🔺 打开 Photoshop 软件，按"F6"快捷键显示"颜色"面板，点击面板右上方 ▤ 图标，点选"色轮"选项，即显示 HSB 区域和色轮区域。

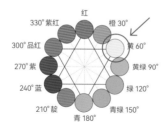

▶ 在 HSB 区域中的 S（纯度）和 B（明度）值都为百分比，只有 H（色相）是角度，这表示色相角度与 RGB 色相环上的位置一致，也与窗口中色轮的色相角度一致。

▶ 位于色轮中心的三角区域用于控制 S（纯度）和 B（明度）的变化；而三角形外面一圈为色相环，用于控制 H（色相）的变化。

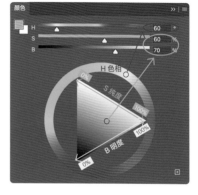

色彩关系

学习了基本的色彩知识，并对色彩也有了进一步的了解后，可通过色彩关系来创建不同的配色方案，提高对色彩的审美能力。色彩关系是指两种以上颜色形成的关系。例如类似色、邻近色、对比色、互补色，这些属于色相之间的基本关系，色相之间相距度数越大，对比也就越强烈。

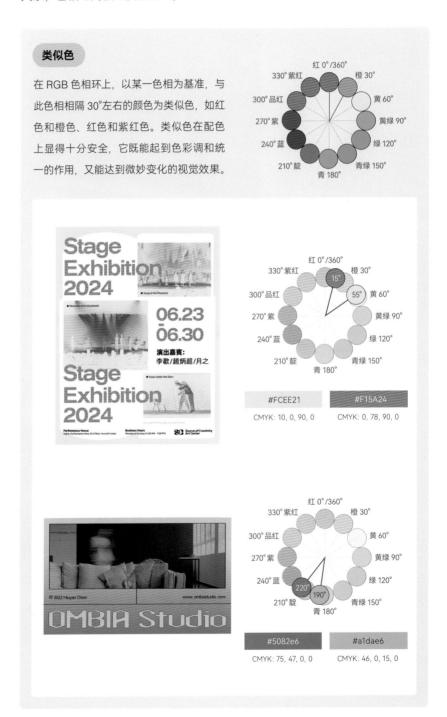

类似色

在 RGB 色相环上，以某一色相为基准，与此色相相隔 30°左右的颜色为类似色，如红色和橙色、红色和紫红色。类似色在配色上显得十分安全，它既能起到色彩调和统一的作用，又能达到微妙变化的视觉效果。

#FCEE21
CMYK: 10, 0, 90, 0

#F15A24
CMYK: 0, 78, 90, 0

#5082e6
CMYK: 75, 47, 0, 0

#a1dae6
CMYK: 46, 0, 15, 0

邻近色

在 RGB 色相环上，以某一色相为基准，与此色相相隔 60°左右的颜色为邻近色，如红色和黄色、红色和品红。邻近色能柔和过渡差异大的色相，使版面色彩既达到和谐统一，又显得丰富。

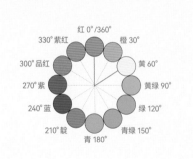

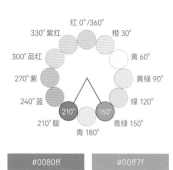

#0080ff	#00ff7f
CMYK: 80, 49, 0, 0	CMYK: 59, 0, 59, 0

中差色

在 RGB 色相环上，以某一色相为基准，与此色相相隔 90°左右的颜色为中差色，如红色和黄绿、红色和紫色。中差色属于比较中性的色相对比，既能通过对比丰富画面，又能形成协调统一的效果。

设计：Park Siyoung

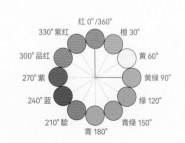

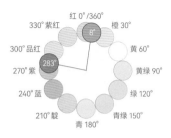

#ff644d	#8f5da2
CMYK: 0, 75, 64, 0	CMYK: 54, 72, 8, 0

对比色

在 RGB 色相环上，以某一色相为基准，与此色相相距在 120°~180°之间的两色称为对比色，如红色和绿色、红色和青绿。对比色存在明显的颜色差异，在视觉上产生强烈的效果，使元素在设计中更加突出。

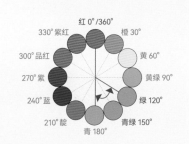

设计：Studio Angello Torres

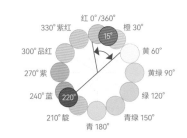

#e8693f	#1e4aa1
CMYK: 10, 72, 75, 0	CMYK: 92, 77, 7, 0

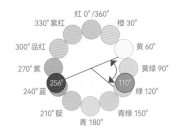

#6235db	#20c200
CMYK: 80, 78, 0, 0	CMYK: 71, 0, 100, 0

互补色

在 RGB 色相环上，以某一色相为基准，与此色相呈 180°时，两色为互补色，如红色和青色、绿色和品红。互补色组合具有强烈的色相对比，能增强设计的吸引力。互补色如果使用不当，容易产生"光晕"现象。

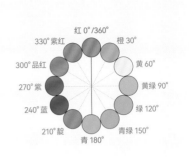

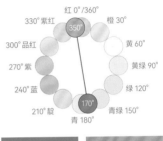

#35746a	#eb7185
CMYK: 81, 47, 62, 0	CMYK: 9, 69, 32, 0

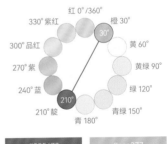

#355473	#cca277
CMYK: 86, 70, 44, 5	CMYK: 25, 41, 55, 0

Tips

在 Photoshop 中，通过执行"反相"（快捷键:Ctrl+I）命令，可以将选定的颜色转化为其互补色。

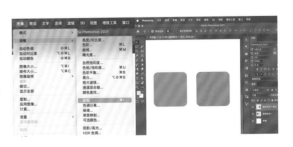

分裂互补色

分裂互补色是指在 RGB 色相环上，以某一色相为基准，在它的互补色上，分裂出左右两边相邻的色相所形成的色彩关系。如红色的互补色为青色，在青色左右两边的颜色为靛色和青绿色，那么红色、靛色、青绿色为分裂互补。

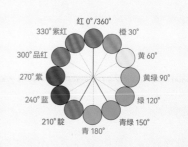

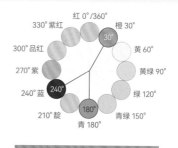

#ed8218	CMYK: 8, 60, 90, 0
#2d2d9b	CMYK: 94, 92, 0, 0
#33cccc	CMYK: 66, 0, 30, 0

三角配色

三角配色是指在 RGB 色相环上，以某一色相为基准，与其他两色形成一个等边三角形的三色组合，如三原色组合（红色、绿色、蓝色），间色组合（青色、黄色、品红），复色组合（橙色、青绿、紫色）。

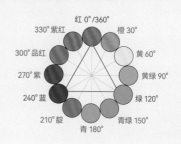

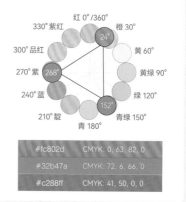

#fc802d	CMYK: 0, 63, 82, 0
#32b47a	CMYK: 72, 6, 66, 0
#c288ff	CMYK: 41, 50, 0, 0

四方色

四方色是指在 RGB 色相环上，将色相环划分为四等分，选出四个色相连接起来，使四色形成一个正方形的组合关系，如红色、青色、黄绿色、紫色。四方色配色能为设计营造极强的视觉效果。

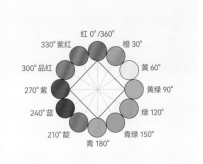

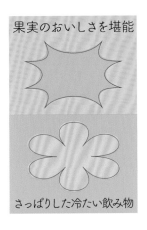

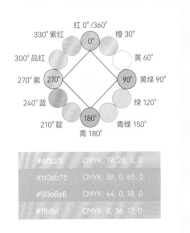

#e0c2ff	CMYK: 19, 28, 0, 0
#b0eb75	CMYK: 38, 0, 65, 0
#93e6e6	CMYK: 44, 0, 18, 0
#ffbfbf	CMYK: 0, 36, 17, 0

Tips

其他色彩关系：

除了上述提到的色彩关系，还有四方补色、六色配色等更个性多彩的色彩组合。当然，想要搭配好颜色，还要综合考虑形状、纹理以及色彩在整体面积中的影响因素。

四方补色

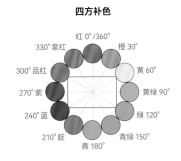

四方补色在色轮上形成了一个长方形，是由一组互补色两旁的颜色建立的色彩组合，如黄色、绿色、蓝色、品红。

六色配色

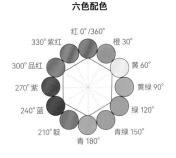

六色配色在色轮上形成了一个正六角形，如红色、青色、黄色、蓝色、绿色、品红。

色彩模式

不同的应用场景需要选择不同的色彩模式。根据目标设备、输出介质以及颜色要求选择适当的色彩模式是很重要的。在平面设计中，通常会使用 RGB 模式、CMYK 模式以及专色（Pantone 潘通色），以便在屏幕显示和印刷输出中呈现准确而高质量的颜色。

RGB 模式

RGB 模式是一种光学色彩模式，是基于发光体的色彩模式，所以也叫作加色模式。其名称来自三个基本颜色通道：红色（R, red）、绿色（G, green）、蓝色（B, blue）。在 RGB 模式中，通过调节这三个颜色通道的数值来表现色彩。其中，三个颜色通道数值的取值范围为 0~255。RGB 模式广泛应用于屏幕显示、数字摄影和许多其他数字媒体领域。

光学三原色

R：红 (R:255, G:0, B:0)　　G：绿 (R:0, G:255, B:0)　　B：蓝 (R:0, G:0, B:255)

🔺 如上图所示，将红色（R:255, G:0, B:0）与绿色（R:0, G:255, B:0）叠加，能产生黄色（R:255, G:255, B:0）；将红色（R:255, G:0, B:0）与蓝色（R:0, G:0, B:255）叠加，得到品红色（R:255, G:0, B:255）；将蓝色（R:0, G:0, B:255）与绿色（R:0, G:255, B:0）叠加，形成青色（R:0, G:255, B:255）；当红色、蓝色和绿色叠加一起时，最终显示为白色。

CMYK 模式

CMYK 模式是一种基于印刷的色彩模式，主要用于印刷领域。它有四个颜色通道，即青色（C, cyan）、品红色（M, magenta）、黄色（Y, yellow）、黑色（K, black）。四个颜色通道代表着印刷油墨的颜色。在 CMYK 模式中，通过调整这四个颜色通道的百分比，实现印刷色彩的混合。这四个颜色通道百分比的调整范围为从 0% 到 100%。

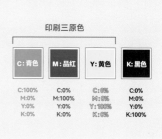

印刷三原色

C：青色	M：品红	Y：黄色	K：黑色
C:100% M:0% Y:0% K:0%	C:0% M:100% Y:0% K:0%	C:0% M:0% Y:100% K:0%	C:0% M:0% Y:0% K:100%

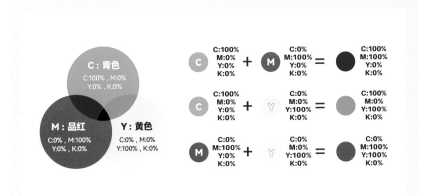

🔺 如上图所示，将青色（C:100%，M:0%，Y:0%，K:0%）和品红（C:0%，M:100%，Y:0%，K:0%）混合相加，能生成蓝色（C:100%，M:100%，Y:0%，K:0%）；将青色（C:100%，M:0%，Y:0%，K:0%）和黄色（C:0%，M:0%，Y:100%，K:0%）混合相加，得到绿色（C:100%，M:0%，Y:100%，K:0%）；将黄色（C:0%，M:0%，Y:100%，K:0%）和品红（C:0%，M:100%，Y:0%，K:0%）混合相加，得到红色（C:0%，M:100%，Y:100%，K:0%）；当青色、品红和黄色混合时，能得到灰黑色。为了得到纯黑，就在 CMY 中加入了 K，这样就得到黑色（C:0%，M:0%，Y:0%，K:100%）。

专色（Pantone 潘通色）

专色是采用特定的油墨配方比例生成的，不是通过 CMYK 模式的油墨叠加生成的。所有的专色都有专属的编号和样本，如知名厂商潘通（Pantone），它的潘通色卡作为色彩指南，有助于设计师、印刷商等准确地匹配色彩。常见的印刷专用色卡有 C 卡（Coated）和 U 卡（Uncoated），二者分别用于匹配印刷在光面涂布纸和亚光非涂布纸上的颜色。

（色卡：Coated 光面铜版 & Uncoated 哑面胶版）

如何在设计软件中选取潘通色号？

若设计文件为 AI 设计文件，可以通过以下步骤来实现：

① 打开 AI 设计文件，使用"吸色工具"吸取颜色，并复制该颜色的 16 进制颜色码。

② 在 Photoshop 中打开"拾色器"，粘贴 16 进制颜色码，并点击"颜色库"按钮，系统将自动匹配相近的潘通色号。

③ 为确保色彩的准确性，最好提前对照色卡选取专色，再将色号添加至设计文件。

* 具体操作请扫右侧二维码观看视频。

扫码看教程

（Photoshop "颜色库" 面板）

（Illustrator "色标簿" 面板）

02 色块在版面中的作用

作为版面的设计要素之一，色彩视觉传递的作用在创意中往往得到加强。在不添加其他素材的情况下，添加有效的色块或底色是一种花最少的时间来提高画面丰富度的方法，可令画面瞬间增加活力。

章节	内容概述	页码
提高版面率	填充底色，增加画面的丰富性	(124~125)
聚焦和区分	添加色块，还起到聚焦和区分的作用	(126)
提升层次感	运用颜色的对比，能快速增强版面的层次感	(127)
视觉平衡	画面出现对比时，也需要实现对比之间的平衡	(128)
引导视线	巧妙地添加色块，能提供一种视觉顺序的功能	(129)

提高版面率　在画面空洞或单调，不添加其他素材的情况下，填充底色是一种花最少的时间来提高版面率的方式。它可以增加画面的丰富性，打造自然的整体感。

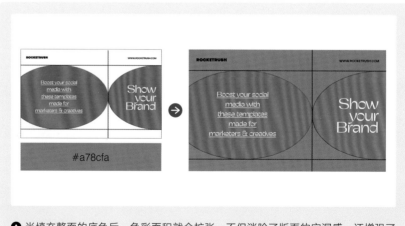

⬆ 当填充整面的底色后，色彩面积就会扩张，不但消除了版面的空洞感，还增强了画面的视觉冲击力。

在铺上底色作为背景的时候，不妨借助图案纹理、肌理材质、物体光影、暗角等效果。这样做不仅能为底色添加质感，还能使整体画面更具层次氛围感和融合性。

⬆ 添加其他物体的影子，可使画面形成若隐若现的层次，产生一种虚幻神秘的氛围感，并使整体的空间层次感更强烈。这种方法在设计领域中经常被用到。

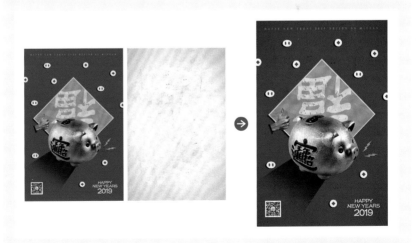

⬆ 在底色上叠加合适的肌理材质，是设计常用的技巧之一。如上图叠加"斑驳做旧"的肌理后，瞬间给画面带来不一样的视觉感，而且还提高了画面的丰富性和质感。

聚焦和区分 添加色块除了能提高版面率外，还起到聚焦和区分的作用。色块与背景之间的颜色对比，使该色块上的内容与其他元素区分开，达到聚焦、整合信息、区分对比、突出主题的作用。

⬥ 加入白色色块后，白色色块将主要信息与背景区分开，起到视线聚焦、强调要表达的信息的作用。白色色块的添加不但提升了版面的层次感，还让主视觉变得更引人注目。

⬥ 在背景复杂或多信息编排的情况下，添加色块来传达信息，在强调信息的同时，也起到整合的作用，使信息区域更加明确突出。

提升层次感　巧妙地运用颜色的对比是快速增强版面层次感的方法之一，例如有彩色和无彩色的对比、色相对比、明暗度对比、颜色面积的对比、色彩造型的对比等。采用颜色对比方法，能使画面呈现出丰富的视觉层次，从而使设计更具吸引力。

⬆ 左侧的排版实际上仅采用了文字的左对齐编排方式，尽管这使得整体看起来整洁简约，但若想使画面更具层次感且不显得单调，可以考虑加入醒目的色块作为"面"。这不仅能够提升视觉层次感和丰富版面，还能增强信息的聚焦感。

⬆ 左侧海报使用了深蓝色来填充背景，使整体视觉略显单一和暗沉，色彩层次不够丰富；而右侧海报则以紫红色和紫蓝色的渐变色作为背景底色，瞬间点亮了画面，显著提升了整体的视觉吸引力。比较两者，右侧的海报更能够突显出层次感和空间感，画面更具活力时尚感。

视觉平衡

色彩有"轻"和"重"、"深"和"浅"、"扩张"和"收缩"、"冷"和"暖"等对比搭配。当画面出现对比搭配时，若能达到一个平衡状态，那么这样的画面看起来也和谐稳定。这也满足人们视觉审美和心理上的平衡原则。因此，这也形成了对比之间的平衡，如互补色之间的平衡、冷暖色之间的平衡、深浅色之间的平衡等。

🔵 左侧海报中的插图与背景色相连接，冲突感显得强烈，导致版面过于呆板生硬和不稳定。添加一个浅色的色块在插图后面，瞬间使画面达到深浅平衡，使画面具有色彩层次，也让浏览者把视线聚焦在插图上。

🔵 左侧海报中的图片具有多种色彩，与背景的粉色搭配起来有点显得突兀不融合。将图片进行双色的"渐变映射"处理后，改变原本图片的颜色，从而减小了画面色彩的差异，达到了视觉上的平衡，也使画面更具有个性和张力。

引导视线

作为重要的一种视觉元素，色彩可以为相关信息提供一种视觉顺序的功能。色彩与主题表达密切相关，当色彩具有目的性和对比性时，观者会最先留意到显眼的色彩，从而阅读到此色彩所传播的信息。因此，出色的色彩搭配能快速传播有效的信息。

🔺 左侧海报由于没有明显的色彩对比，很难在第一次时间抓住观者的视线，也让画面变得沉闷单一。添加无彩色（白色）后，瞬间增强了色彩间的差异，使观者首先看到白色圆形上的信息。这样一来，作品的主旨就能明确而快速地传递给观者。

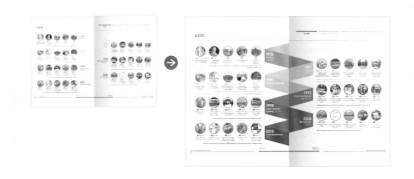

🔺 这是关于企业的历程内容的编排，为了能快速找到企业发展时间的前后顺序，在每个时间段添加色块，并将色块连接一起，不同色相代表不同的时间，增大了色彩的面积范围，能瞬间将观者的目光吸引至色彩上，从而形成正确的视觉流程。

03 这样配色更有效

配色一直是设计师的痛点，设计师如果没有色感真的很难搭配出合适的配色方案。在很多情况下，我们所说的"配色不好看"可能是由设计师没有正确掌握配色数量、颜色组合不和谐、色彩比例失衡、颜色与主题传达的内容不匹配等因素造成的。我们不能单纯按个人的喜好来配色，而是应根据配色原则，结合色彩情感等进行配色。

章节	内容概述	页码
控制色相数量	色相的数量应控制在三种以内， 例如单色配色、双色配色或三色配色	（130~134）
色彩比例	控制主色、辅助色和点缀色在画面中的比例	（135~137）
渐变色	运用渐变色能提升视觉吸引力，提高设计的格调	（138~139）
无彩色搭配	合理地运用无彩色可以收紧设计画面， 营造出时尚和高级的氛围	（140~143）

**控制
色相数量**

在配色方案中，色彩的数量不是越多越美观。每添加一种色彩，就会增加配色难度。为了能快速掌握配色技巧，我们可以控制色相的数量来进行搭配。在一个页面中，色相的数量应控制在三种以内，例如单色配色、双色配色或三色配色。

⬆ 对于初学设计师来说，简化色彩层能更容易实现整体色彩的平衡。因此，采用较少的颜色有助于更好地掌控画面。如果对颜色把控不好，不仅影响用户的体验和画面的美观感，还可能降低信息传达的效果。

单色配色

单色配色是指在一个页面中，使用一种色相进行搭配设计。这种配色方式能够让页面形成统一协调的效果，避免色相上的差异。因此，单色配色能够轻松实现整体色彩的平衡，是一种简单而实用的配色方案。

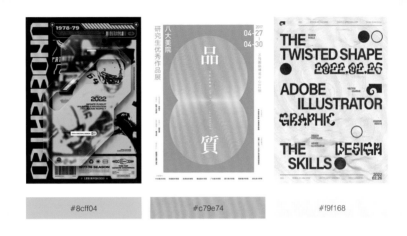

| #8cff04 | #c79e74 | #f9f168 |

⬤ 单色配色并不意味着单调。在许多设计项目中，单色搭配能展现出强烈的画面表现力，与多色搭配相比毫不逊色。对于初学设计师而言，单色配色的运用有助于更轻松地掌控画面色彩的协调效果。

⬤ 为了避免单色配色的单调感，可以通过渐变来表现它的多变性。如上图所示，在渐变色带上添加两个均为绿色的色标（#bfff00），再调整其中一个色标的不透明度为 0。渐变能够为设计带来不一样的视觉感受，有助于提升层次和空间感，打造视线焦点。

如果想让单色配色在设计中呈现更丰富的视觉效果，在确定色相（H）之后，通过调整饱和度 / 纯度（S）和亮度 / 明度（B），打造一个更富个性和时尚感的配色方案，这种颜色搭配也可以被称为不同深浅变化的同色系配色。这样的调整能够为单色增添更多的变化，使其在设计中表现得更加多样化。

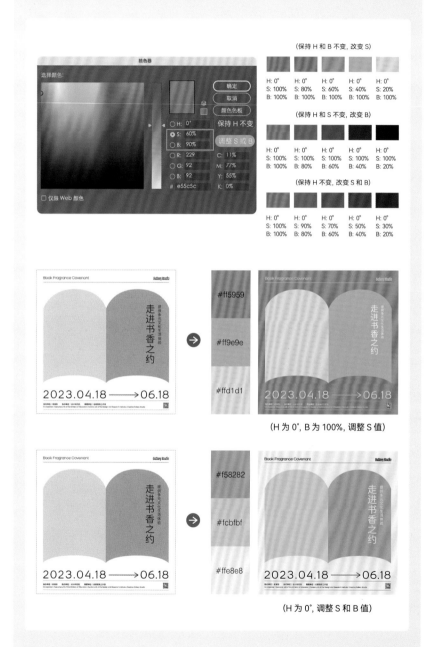

（H 为 0°，B 为 100%，调整 S 值）

（H 为 0°，调整 S 和 B 值）

🔵 采用这种方法可以创建出同一色相下的多种配色方案，在保持单色的基调的同时，也能呈现足够丰富的色彩层。

双色配色

双色配色是指在一个页面中，使用两种色相进行搭配设计。这两种色相可以根据类似色、互补色、对比色等色彩关系进行组合。双色配色赋予设计更强烈的视觉吸引力，使色彩层次更加丰富。

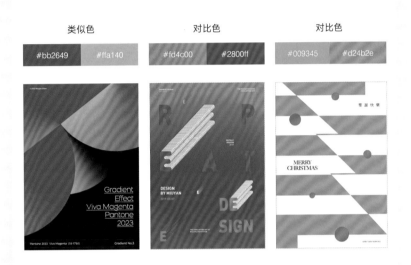

❖ 以上海报虽然只使用了双色配色，但通过色彩关系能够建立各式各样的配色组合。此外，不论是单色配色还是双色配色，我们都可以通过调整颜色的明度或纯度来增添色彩的丰富度。

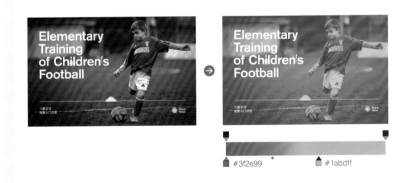

❖ 双色配色同样可以通过渐变来呈现其变化性。以上面的画面为例，使用 Photoshop 软件中的"渐变映射"工具，可以将图片调整为双色调效果。双色调是设计师常用的调色方案之一，它能够迅速提升画面的艺术感，是创作中常见的手法之一。

三色配色是指在一个页面中，使用三种色相进行搭配设计。三色配色比前述的单色配色和双色配色更加多样，在视觉上产生很大的配色张力效果。三种色相的搭配可以通过相邻三色、分裂互补配色、三角配色的色彩关系来创建组合。

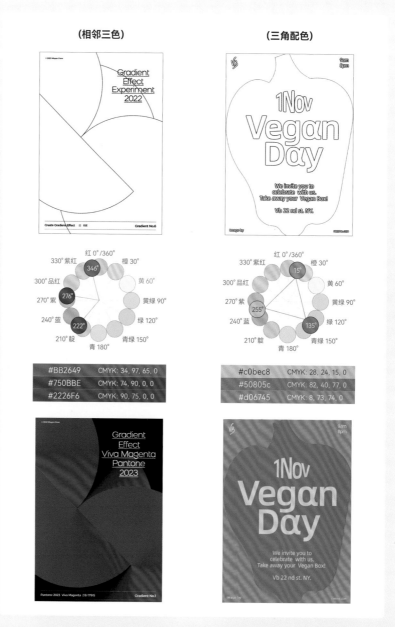

（相邻三色）   **（三角配色）**

#BB2649	CMYK: 34, 97, 65, 0
#750BBE	CMYK: 74, 90, 0, 0
#2226F6	CMYK: 90, 75, 0, 0

#c0bec8	CMYK: 28, 24, 15, 0
#50805c	CMYK: 82, 40, 77, 0
#d06745	CMYK: 8, 73, 74, 0

🔺 以上两张海报分别运用相邻三色和三角配色的色彩关系来搭配色彩，色相的对比使画面具有强烈的视觉冲击力，能够快速引起受众的注意。

色彩比例

如果想让色彩发挥显著的作用，除了了解色彩理论之外，还要控制主色、辅助色和点缀色在画面中的比例。那么，如何把握它们的比例？通常会遵循色彩比例原则：主色 60% + 辅助色 30% + 点缀色 10%。但是色彩搭配并非一成不变，也不要求每个画面都必须包含主色、辅助色和点缀色，应根据具体情况来灵活决定。

主色

主色在画面中充当主角的角色。通常情况下，主色占据最大的比例，是整幅作品的主要色调，又或者是"抢眼"的颜色，它能直接影响整幅作品的风格和印象。

主色

🔻 以上物料设计中的主色为紫色。它是根据品牌的标志色选取的，再搭配文字的黑白（无彩色）来平衡画面。所以，当主色能够准确传达信息和与主题印象相契合时，画面可以不再添加有彩色中的辅助色和点缀色，不过这样的画面容易欠缺色彩的层次感。

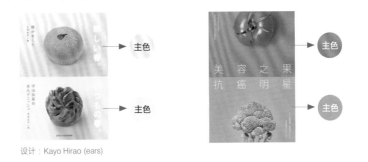

主色
主色
主色
主色

设计：Kayo Hirao (ears)

🔺 虽然单一的主色比较常见，但双主色的设计也是存在的。基调相同且所占的比例和视觉力量相当的双主色既有色彩的对比，又能达到画面的平衡。

主色 + 辅助色

辅助色在画面中充当配角的角色，它们在主色的基础上赋予了版面更丰富充实的视觉效果。通常情况下，辅助色的面积比例仅次于主色。为了更好地控制主色和辅助色之间的比例，它们最好保持相同的基调。

⚫ 以上画面中的黄色为主色，约占画面的 70%。橙色为辅助色，约占画面的 30%。橙色的出现不仅丰富了画面，还提升了主色的表现力，为整个版面增加了层次感。

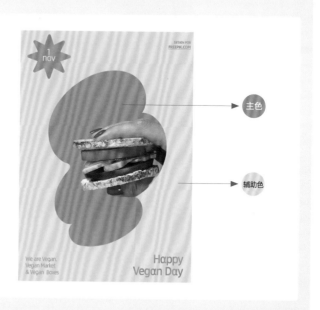

⚫ 根据比例大小来判断主色和辅助色并不是绝对准确的标准。如上图所示，橙色相对于背景的淡橙色更加引人注目。因此，在这个画面中，将淡橙色作为辅助色，而将橙色作为主色，画面会更加平衡和稳定，并显得鲜明而有吸引力。

主色 + 辅助色 + 点缀色

点缀色在画面中充当着强调、引导和装饰的角色，通常其所占比例较小。当画面同时包含主色、辅助色和点缀色时，为了更轻松地掌握它们的比例，通常会遵循色彩比例原则：主色占 60%、辅助色占 30%、点缀色占 10%。

🔺 在这张海报中，主色约占 60%，辅助色约占 30%，点缀色约占 10%。红色作为点缀色起到突出强调的作用。在这种色彩比例下，能创造出丰富而平衡的版面，使整个色彩搭配更加鲜明，同时也有利于清晰明了的视觉传达。

有关主色、辅助色、点缀色的总结如下：

① 主色、辅助色和点缀色可以是一种或多种颜色，甚至同一种颜色兼具多种角色。

② 并非要求每个画面都必须包含主色、辅助色和点缀色，而是应根据具体情况灵活进行选择。

③ 主色和辅助色的判断不仅基于比例原则，还包括对色彩感知和视觉心理等因素的考量。

④ 由于色彩具有客观性和主观性，每个人对色彩的感受存在差异，因此，主观因素会影响对主色、辅助色和点缀色的判断。

渐变色

渐变色是将色彩做阶段性变化，从一种颜色过渡到另一种颜色，由两种或两种以上颜色形成的颜色。合理地运用渐变色能提升视觉吸引力，提高设计的格调。在填充渐变颜色时，可以通过改变渐变类型和渐变方式来实现不同视觉需求的设计。

渐变类型

常用的渐变类型包括线性渐变、径向渐变和任意形状渐变。在 Adobe Illustrator 软件中，可以打开"渐变"面板来应用渐变颜色，并根据需要自定义渐变的类型、角度、位置、不透明度等属性，以满足不同的视觉设计需求。

渐变面板（快捷键：Ctrl+F9）

线性渐变：

线性渐变是将颜色从开始一端到另一端以直线形的方式做渐变填充，再通过改变渐变的角度得到不同的效果。

径向渐变：

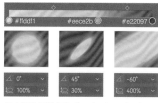

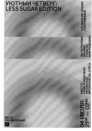

径向渐变是将颜色从一点到另一点进行环形混合。想突出层次感或立体感时，一般会运用径向渐变。

设计：Miuyan Chow

设计：Anatolie Micaliuc

任意形状渐变：

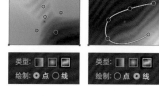

任意形状渐变是使多个"点模式"或"线模式"的渐变颜色，以不规则的形式分布形成渐变效果，是没有规律的渐变形式。

设计：Mano a Mano

138

图像渐变

渐变色的运用可以改善图像的色彩表现，营造出全新的视觉效果。在使用 Photoshop 软件时，可以通过"渐变映射"工具、图层的混合模式以及调整渐变不透明度的方式，来提升图像素材的质感和设计感。

渐变映射：

渐变映射与渐变有着本质的区别。渐变映射是 Photoshop 软件中一种常用的图像调整工具，用于将不同的颜色渐变映射到原始图像的光暗部分，从而改变图像的整体氛围，创造出丰富多彩的艺术效果。（更多"渐变映射"的内容，请翻到第 86、87 页。）

图层的混合模式：

在图像图层上添加一个渐变图层，然后在渐变图层上应用"混合模式"来改变图像的色彩外观。一般根据需求选择合适的混合模式，同时还可以通过改变渐变图层的"不透明度"来进一步调整整体的视觉效果。

改变"不透明度"：

调整渐变中的色标不透明度，可以为图像创造出具有时尚感的渐变效果，同时保留原始图像的色彩。此外，结合矢量蒙版的方式来控制渐变图层的显示区域，能更精确地定义渐变的分布和影响范围。

无彩色搭配　无彩色是指黑白灰，它们不属于色轮中任何一种颜色，因此在配色上有助于减少视觉干扰。合理地运用无彩色可以收紧设计画面，营造出时尚和高级的氛围。将无彩色用作画面的背景，或者将图片转为黑白，并添加一些鲜艳色彩来进行对比和调和，可以营造出强烈的视觉冲击效果。

黑色 + 白色

黑白配色在视觉搭配上非常经典，也不容易出差错，而且能使版面更显得高级、神秘、沉稳大方。这种搭配极具简约和大气感，通过大面积的留白，带来独特的设计感。即使没有添加明亮的色彩，也足以提升整体的版面率。

黑色 + 白色 + 灰色

灰色介于黑色和白色之间，也是万能色，通常被用作背景色或者用来平衡和突显其他色彩。将灰色添加到黑白搭配中，能调和黑白之间的极端对比，避免黑白搭配的枯燥和呆板，同时使画面色彩具有更丰富的层次感。

设计：Miuyan Chow　　设计：Miuyan Chow　　设计：David Mirko

设计：Semiotik Design Agency

◉ 与黑色相比，灰色更加柔和，不会过于刺眼，且更具耐看性。灰色有利于建立内容层次和区域划分，因此在画面中，也会使用灰色作为背景色。

无彩色 + 有彩色

通常情况下，我们会选择将大面积的黑色、白色和灰色用作主导色或背景色，或者将图片转为黑白模式，再添加某个明亮的颜色，形成彩色与无彩色之间的鲜明对比。因此，有彩色在这里起到画龙点睛的作用，也有突出信息的效果。

设计：Miuyan Chow   设计：Samet Kesen   设计：Miuyan Chow

Molodist - Kyiv 国际电影节，设计：Olha Makarkina

◉ 当画面使用高饱和、高明度的色彩时，可以运用"无彩色"来进行调和。这样的设计不仅能够增强画面的色彩表现力，还能保持原有色彩的调和性。

① 图片全部黑白＋有彩色：

▲ 将图片调整为黑白，再搭配与主题相关的颜色，能使其在视觉上形成高级、时尚的氛围，整体给人精致的感觉。

▲ 将图片转为黑白可以减弱原有色彩的输出，降低视觉中的色彩强度，从而实现画面的色彩平衡和一致性。两色发生冲突时，可以采用无彩色进行调和。

⬤ 图片黑白最大的优势之一是能够减少图片色彩对版面视觉和背景环境的不协调，同时使信息更加突出。

② 图片局部黑白 + 有彩色:

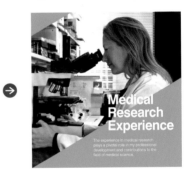

⬤ 局部黑白是将图片中不必要的部分做黑白处理，保留主体的色彩，利用无彩色与有彩色的对比来强调主体，降低图片不必要的颜色的存在感，使画面更具视线焦点和层次感。

不可忽视的版式问题
色彩篇

高饱和度配色时
避免产生晕影

高饱和度配色时，很容易出现晕影的现象，这可能导致主体信息不够清晰，同时也会产生刺眼的感觉。如果一定要选择这样的搭配，可以调整其中一个颜色的明暗度，以避免出现晕影情况。

Before

After

COLOUR

COLOUR

COLOUR

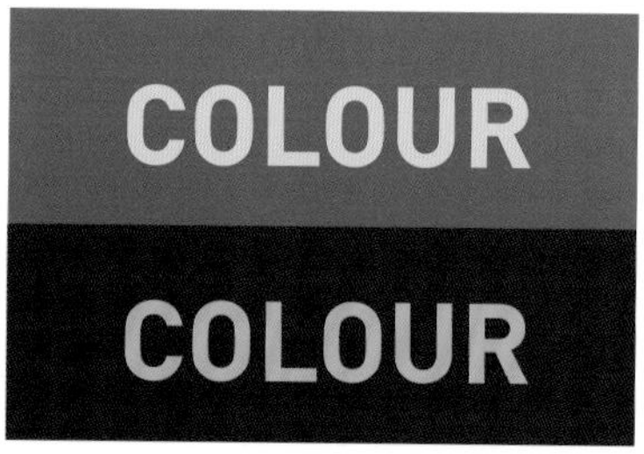

避免
使用多色渐变

当各种各样的色彩放在一起的时候，已经开始打破配色的规则。然而，这并不一定带来炫酷的效果，反而可能破坏整体的视觉效果。

Before

After

Rainbow

Rainbow

Before

After

四色印刷

荧光色
Pantone : 806C

Before

After

C:30% M:4% Y:5% K:0%

C:30% M:0% Y:0% K:0%

什么情况下
使用专色

当印刷设备有限或特殊颜色选择受限时，又或者在需要大面积印刷颜色的情况下，选择使用专色能更准确地呈现出预期的色彩效果。如果采用四色印刷，套色引起的误差可能导致颜色不够鲜艳厚实。

CMYK 各色值
设置的注意事项

通过印刷制作的文件，需要将其转为 CMYK 模式。为了方便后期印刷，建议在设置色值时采用 5 的倍数，如 C:10% M:50% Y:45% K:10%。如果色值中的一个低于 5%，可将其设定为 0，这样能有效地减少色彩偏差。另外，CMYK 四色各值低于 5%，可能会导致颜色无法显现。

CMYK 模式下
黑色的色值规范

文字和细线：

设置为单色黑，即为 C:0% M:0% Y:0% K:100%。

大面积的黑色：

建议设置黑色，即 C:30% M:0% Y:0% K:100%，这样印刷的黑色会更纯。

Before

After

CMYK 模式下
文字和细线的黑色色值

C:100% M:100% Y:100% K:100%

CMYK 模式下
文字和细线的黑色色值

C:0% M:0% Y:0% K:100%

由于文字和线条的轮廓非常细，如果使用四色黑，可能会导致套色不精准，从而出现虚边的情况

将文字和线条的黑色色值设置为单色黑，印刷出来的效果会更清晰

明亮的颜色通常
更容易被注意到

明亮的颜色在视觉上产生更强烈的对比效果，与周围环境形成鲜明的区别。这种对比使得明亮的颜色更容易被注意到，因为它们在视觉上更为突出。即便远距离观察时，明亮的颜色也更容易被察觉。

Before

After

买手招募

买手招募

Before

其中一个渐变颜色为白色，且不透明度为0%时，整体看起来显灰显脏

After

将渐变一端的白色调整为与另一端颜色一致后，渐变呈现通透显色的效果

Before

即便填充了背景色，整体层次感依然不强烈

After

添加色块后，进一步提升了层次感

如何让渐变看起来通透显色

当画面背景不是白色，使用渐变工具创建渐隐效果时，如果其中一个渐变滑块设为白色且不透明度为0%，可能导致出现灰蒙或污浊的效果。此时，只需将白色调整为与另一端颜色或与背景色一致的颜色，即可使渐变呈现通透显色的效果。

添加有效的色块，增强画面的层次感

在画面显得空洞或单调，且不添加其他素材的情况下，添加有效的色块是一种快速提升层次感的方法，可以增加画面的丰富性。虽说添加色块能提升画面的层次感，但是不能因为改变而忽略了主体，而且要注意色彩组合在设计中的运用。

→
Grid
System

（四）
巧妙运用网格

作为版式设计中的重要构成元素，网格能够有效地强调版面的比例感和秩序感，使作品页面呈现出更为规整、清晰的效果，让版面信息的可读性得以明显提升。网格其实是隐藏的辅助线，而这些辅助线可以帮助设计师快速对齐元素，让设计看上去更加整洁和舒适，令设计师可以较为方便地组织文字信息和编排各种视觉元素。

本章主要从"版心的概念与设置、掌握 5 种常见的网格类型、网格的设置方法、不可忽视的版式问题网格篇"这几方面总结了网格在平面设计中的用途，同时通过案例的实际演示，引导学习者掌握设置和运用网格的技巧，有效地提高设计的质量和效率。

01 版心的概念与设置

在进行设计之前，先设定版心范围。版心会影响版面效果。设定版心前，需了解设计主题、内容、图文数量和层级关系，以确保版心实用。本节将介绍版心的基本知识、设置版心的方法和黄金网格分割线。

**版心的
基本知识**

版心犹如页面中的"框架"，将信息内容在这安全的框架范围内进行设计，使页面显得整齐有条理，更适合读者阅读。想要划分出实用的版心，首先需要对版心有基本的认知。

版心的概念

版心是指版面上除去周围白边（边距）后剩下的以文字和图片为主要信息的区域。各类稿件的编排布局都在版心范围内进行，最终形成整体，所以版心也就是排版的范围。

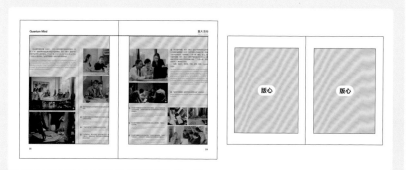

🔺 这是画册内页的编排，粉红色区域是版心，设定合适的版心让图文布局更规范统一。

⬛ 在平面设计中，无论是画册设计还是海报设计，版心都起着关键的作用，它不仅能确保内容的有序布局和整体的视觉平衡，还为设计提供准确的尺寸和对齐参考。

版心四周的边距

当版心出现之后，四周留有空白的边距区域。边距的存在使页面布局更加均衡和整洁，让读者的视线更集中在版心内容上，提高阅读的舒适度。另外，这些边距在书籍画册中具有重要的作用，可以用来放置页眉、页脚、页码等附加信息，方便读者查阅。

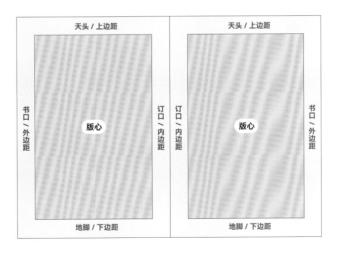

⬛ 版心上方的空白区域称为天头（上边距）；下方的空白区域称为地脚（下边距）；靠在外边两侧的空白区域叫作书口（外边距）；夹在里面的空白区域叫作订口（内边距），内边距是离书脊或中心对折线最近的空白距离。此版心四个边距都是相等的。

⚫ 边距通常有等距与不等距两种形式。在左边的书籍内页中，版心四周的边距都不相等，这样设置的目的是使双页面编排更加灵活。在右边的海报中，版心的左右边距相等、上下边距相等，这样的边距一般运用在海报或者传单的单页设计中。

版心率

版心的大小占版面的面积比例称为版心率。版心率越高，容纳的信息量越多，因此版面利用率也越高，高版心率常用于杂志或商品目录、传单等设计中。版心率越低，容纳的信息量越少，四周相应产生了更多的留白区域，元素布局有所局限，低版心率一般适用于纯文字编排。

版心率高，四周留白少　　　　　　　　版心率低，四周留白多

⚫ 在信息量、文字层级相同的情况下，使用不同的版心大小进行编排，即便右边页面四周的留白多，左边页面的阅读体验仍比右边更佳，这是因为右边的文字和图片排得过于拥挤。因此，低版心率不太适合用于较多图片和文本的编排。

设置版心的方法

版心的设置并没有唯一不变的标准和方法，而是应根据页面尺寸和信息内容的需求进行版心划分。不同的版心大小和位置会直接影响页面的视觉重心和留白比例。接下来介绍以内文字号和行间距作为基准建立版心的方法，以帮助设计者有效地进行编排。

以内文字号和行间距作为基准

页面的尺寸和信息量是确定版心大小的主要因素。因此，我们可以以所编排的内文字号、行间距作为基准，来设定合适的版心尺寸。这样的设置可以确保版心的稳定性和通用性，对于初学设计师来说尤其适用。

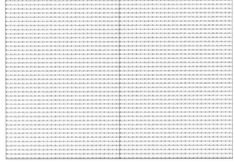

页面尺寸为 178.0 mm × 246.0 mm

◀ 划分版心前，需要提前确定好内文字号和间间距。如内文字体为鸿蒙黑体 - Regular、字号为 9pt，行间距为 9pt（行距为 18pt），字号与间间距形成 1:1 比例关系，按此字符属性将字排满整个页面，如左图所示。

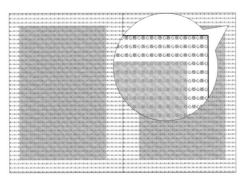

◀ 将文字填满页面后，以所选取字号与行间距的关系，可以清晰而准确地划定版心大小和位置，而这些字还能在图文编排过程中实现对齐的功能。换言之，基于字号和行间距的关系搭建一个隐形的网格系统。

◀ 设定好版心之后，即可在版心内布局编排图文。

153

黄金网格分割线

黄金网格分割线是基于黄金比例 0.618 推导而来的。在实际的设计过程中，我们可以将黄金网格分割线应用于各种设计布局中，以便快速确定版心的大小和位置，并通过黄金网格分割线来辅助视觉元素的对齐和达到整体平衡的效果。

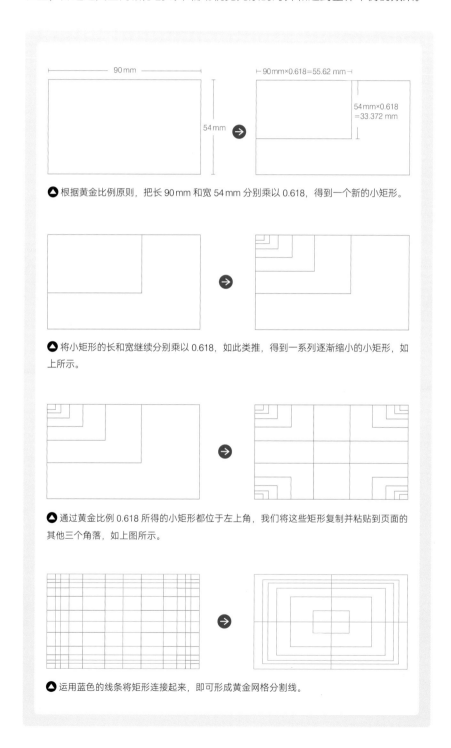

▲ 根据黄金比例原则，把长 90 mm 和宽 54 mm 分别乘以 0.618，得到一个新的小矩形。

▲ 将小矩形的长和宽继续分别乘以 0.618，如此类推，得到一系列逐渐缩小的小矩形，如上所示。

▲ 通过黄金比例 0.618 所得的小矩形都位于左上角，我们将这些矩形复制并粘贴到页面的其他三个角落，如上图所示。

▲ 运用蓝色的线条将矩形连接起来，即可形成黄金网格分割线。

⬬ 这是名片的设计，将黄金网格分割线放在页面上。我们看到里面有很多线，通过这些线来划定版心区域。例如划定粉红色区域为版心（如左图所示），那么就可以在版心内对视觉元素进行合理的编排。

⬬ 基于海报的页面尺寸，将黄金网格分割线放在页面上。通过信息量来划定适当的版心区域，再借助黄金网格分割线来平衡画面中元素的比例，形成上下构图的布局。

⬬ 除了在名片和海报设计中应用之外，黄金网格分割线也适用于画册设计。只是因为画册是双页的结构，所以黄金网格分割线的应用需要按照单页的尺寸来进行。

02 掌握5种常见的网格类型

网格是对页面布局的一种规划，是支撑整个版面内容的载体。建立网格之前，需要对设计内容进行梳理，捋清它们之间的内在逻辑关系后，设置合适的版心，然后合理确定网格类型。

章节	内容概述	页码
网格系统概述	网格系统的概念及网格的好处	（156~157）
类型一：分栏网格	分栏网格的概念及常见的分栏网格类型	（158~165）
类型二：模块网格	模块网格的概念及运用	（166~167）
类型三：基线网格	基线网格的概念及其与字号、行距的关系	（168~169）
类型四：版面网格	版面网格的概念及运用	（170~171）
类型五：文档网格	文档网格的概念及运用	（172~175）

网格系统概述

网格系统在设计中起到一种框架的作用，为页面提供布局的基本结构，用于帮助设计师在页面上放置和对齐设计元素，以实现一种有序、平衡和一致的比例关系。

网格系统的概念

网格系统又称为栅格系统，是由水平线条和垂直线条组成的网格结构，使设计师能够快速而有效地组织和呈现设计元素，建立比例感。

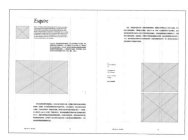
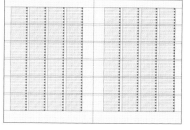

网格的好处

网格有什么好处？网格能使版面具有比例感和秩序感，有助于合理地进行信息区域划分，快速辅助和调整视觉元素之间的对齐及间距。特别是在设计信息量大的项目时，比如杂志、图书、报纸等，甚至网页的设计也会运用到网格。但是，网格只是一个工具，实际的应用还需要以人眼视觉为基准进行调整，并思考如何打破网格的单调感，变化出不同的版面样式。

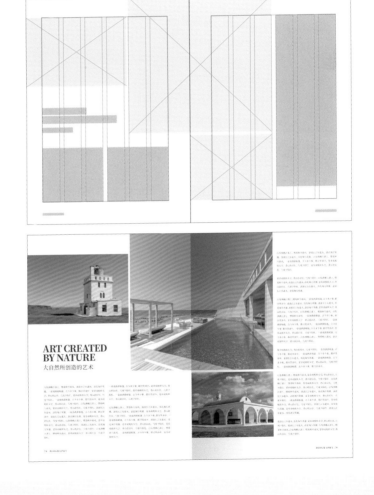

🔺 网格是对整个版面的把控与合理划分，在营造乱中有序的秩序中让版面具有有科学依据的美观性，即使是留白也有看不见的网格作为编排依据。

类型一：
分栏网格

分栏网格是指把版面分成若干栏，以此为基础的网格系统。它也是常用的网格类型。分栏网格包括双栏网格、三栏网格、四栏网格等。设计师可以根据需要定义栏数量、栏宽度和栏间距，以创建自定义的分栏网格系统。

分栏网格的概念

分栏网格是由一定数量的水平栏（行）、垂直栏（列）组成的可见的网格结构，用以放置和布局文字、图形等视觉元素。

▲ 垂直栏由垂直线条组成，类似表格中的列，用于编排横排文字。水平栏由水平线条组成，类似表格中的行，用于编排竖排文字。如上图所示，画册的左页被划分为 5 列，即为 5 个垂直栏；而右页则被划分为 12 行，即为 12 个水平栏。黄色区域为栏间距，一般为 2 个正文字号的宽度大小，它能有效拉开元素间的距离，使阅读体验更佳。栏间距可留可不留，应根据设计情况来决定。

单栏网格

单栏网格也被称为通栏网格，在文字性书籍编排中常被使用。单栏网格缺乏灵活的变化性，会导致文字的编排显得过于单调，容易引起读者的阅读疲劳感。缩小版心尺寸，为版面留出更多的空白，可以有效缓解画面的枯燥感。

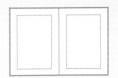

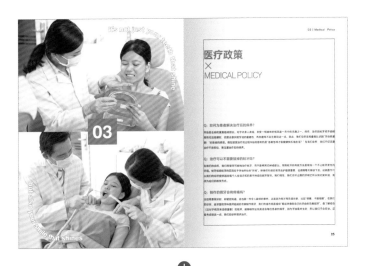

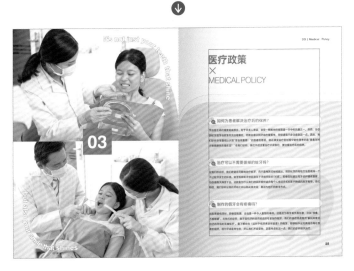

🔺 上图使用了单栏网格的编排方式，修改前文字占满了整个单栏的宽度，导致版面呈现单一的视觉结构。为了缓解画面的单调性，将版心尺寸缩小，并运用图形元素、色块来提升编排的灵活性，以丰富页面的布局，增加页面的视觉层次。

双栏网格（均等两栏）

双栏网格相比于单栏网格更具灵活性，能有效地控制内容分布在两栏中，更好地划分不同的信息区域，提供更多不同的版式选择，增强版面的变化。另外，双栏的宽度可以均等或者不均等，从而让画面呈现出更加丰富的变化、具有更大的灵活性。

⬤ 上图使用了双栏均等网格的编排方式。为了避免画面的单调性，利用图片的跨栏形式和元素之间的对比，使版面规整而不呆板。另外，没必要把每个网格都填得很满，适当留出空白，能使版面显得更透气和简洁。

双栏网格（不均等两栏）

双栏不均等网格两栏的栏宽不相等，优势在于能更加灵活地改变版面设计。较宽的一栏用于连续性的文本设计，向读者呈现连贯的文字内容；而窄小的一栏可以容纳主标题信息、图片说明文字、图像或表格等素材。

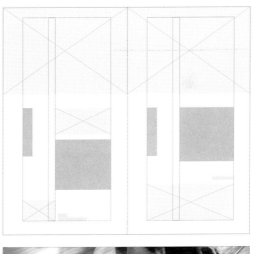

⬤ 上图运用了不均等两栏网格的编排方式。其中：较窄的栏被用作空白栏，主要用于呈现主标题的信息；而较宽的栏则用于展示内文信息。图文之间的间隔形成留白效果，使整个版面呈现出空间感和平衡感。

三栏网格

三栏网格是将版面划分为三个垂直栏，编排相比于两栏网格的编排更为灵活和丰富。文字、图像可以占据单独的栏，也可以跨越多个栏。这样做可以提升元素之间的变化感，增加画面的节奏性。

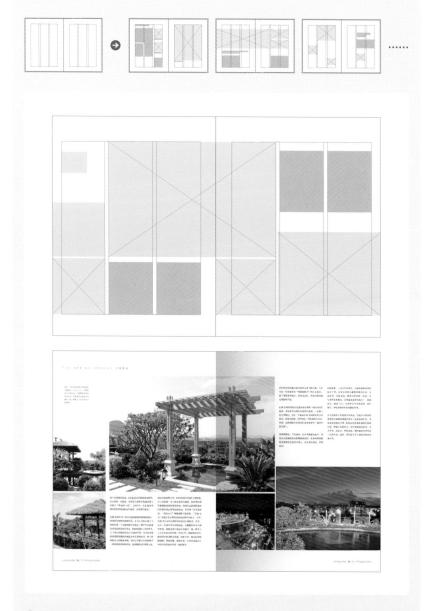

🔺 上图使用了三栏网格的编排方式。在图片数量较多、文本量适度这种情况下，将内容合理地放置在三栏中，再利用图片的跨页形式和图片的大小对比，使版面规整和谐而不失张弛感。

四栏网格

四栏及四栏以上的网格也可以被称为多栏网格系统。它具有复杂的网格结构，能创造出丰富多样的页面版式。另外，并不需要将所有栏的空间填满，可以合理地留出空白。多栏网格系统一般适用于书籍、杂志、报纸、多信息编排或创意设计的项目。

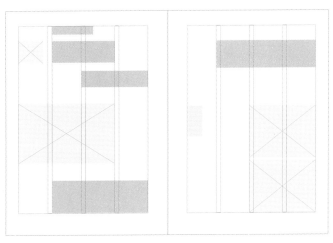

🔺 上图运用了四栏网格的编排方式。文本内容分别占据了三栏和两栏的位置，而图片的位置和大小则根据页面的视觉平衡进行调整。网格其实是隐藏的辅助线，而这些辅助线可以帮助对齐元素，使设计看上去更加整洁和舒适。

五栏网格

五栏网格是将版面划分为五个垂直栏，栏宽相应变窄。在设计中，需要避免将文段放置在过窄的栏中，一行文字的数量一般不能少于 9 个字。因此，随着栏的数量增加，页面布局和设计的灵活性也相应增强。

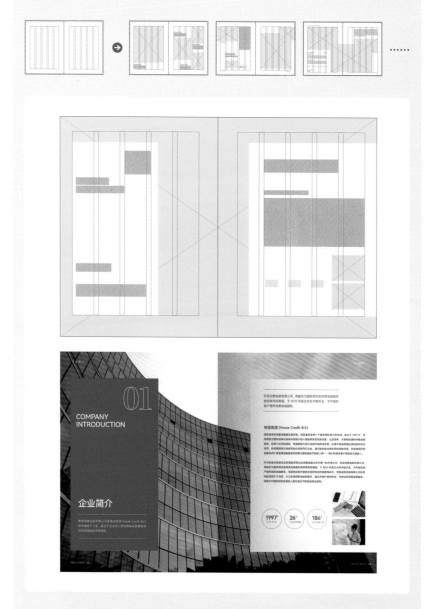

☝ 上图使用了五栏网格的编排方式。左页文字占据三栏进行编排，右页文字和图片占据四栏进行编排。另外，为了增强版面的视觉效果，图片以四边出血的形式横跨双页作为背景。出血图能够最大限度地提高图版率，让画面更加饱满且具有吸引力。

六栏网格

六栏网格是常用的多栏网格，可以灵活地组合成不同类型的分栏网格。合理地合并分栏网格，可以为设计师提供更多的布局空间。这种灵活的组合方式可以大幅提升版面的内容承载量和版式的多样性。

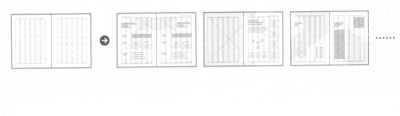

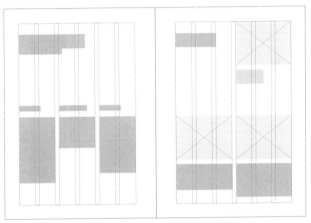

🔺 上图使用了六栏网格的编排方式。将原来的六栏网格组合成多种类型的网格，从而形成隐形的网格系统。左边页面将六栏合并为三栏，内文排列于三栏中。右边页面将六栏合并为两栏，图片和内文排列在两栏中。适当留出空白，使版面显得更透气和简洁。

类型二：模块网格

模块网格是在分栏的基础上建立横向的划分，使版面变得更加灵活，使图片和文字能够更加合理地进行排列。模块网格的网格数量及大小应根据版面主题及信息量来决定。

模块网格的概念

模块网格又被称为分块网格，是由一定数量的水平栏（行）和垂直栏（列）组成的可见的网格结构，用以放置文字和图形等视觉元素。

以上两个页面是由 5×6 个模块组成的模块网格。利用这些模块，可以有效地保证视觉元素的对齐，从而创建出高效的网格系统，使版面看起来更加整洁、有序，使布局更加合理。另外，模块间距可留可不留，应根据设计情况来决定。

模块网格的运用

通过模块网格的参考线，设计师可以精确地定位和放置文字、图像和其他元素，并保持一致的间距和比例关系，从而使整体布局看起来更加统一和协调。无论是在纸媒还是不同屏幕的平面设计中，利用模块网格的优势，都能快速响应不同的设计需求、适应内容上的变化。

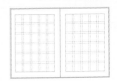

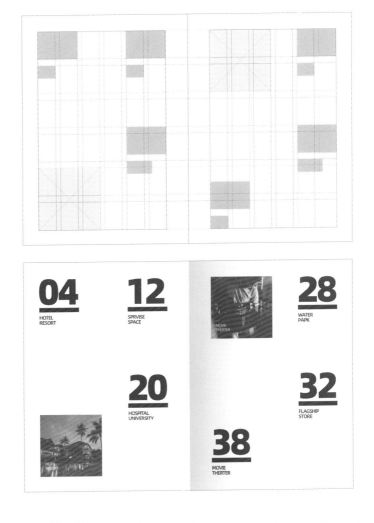

🔺 上图为目录页的编排，版面使用了 6×6 的模块网格。即便信息基于网格进行编排，通过文字间的大小对比和图片的色调处理，版面设计依然打破了常规。该设计巧妙地运用了空白，没有将元素填满每个网格，而是留出了合理的空白间隙。

类型三：基线网格

基线网格由间隔均匀的水平线（基线）组成。它在版面中起到了对齐元素的重要作用，为设计提供了视觉参考和构架基准。另外，汉字没有基线的概念，因此基线网格主要用于英文编排。在建立基线网格时，可以根据字号来设定基线间隔，使文本和图片的排版更加美观。

基线网格的概念

基线网格由一系列间隔均匀的水平线（基线）组成，文本则排列在水平线上。水平线之间的间隔即为基线间隔，与文本有着密切的关联。

■ 基线　■ 基线间隔

▲ 上图内页（尺寸为210 mm×285 mm）采用的是基线间隔为9 pt、由5栏组成的网格系统。正文字体为鸿蒙黑体 - Light，字号为9 pt，行距为18 pt，在基线网格的帮助下，能快速准确地对齐图片和文字，从而使画面上元素布局规整且易读。

基线网格与字号、行距的关系

为了建立精准的网格系统，可以使基线间隔与文字大小和行距形成倍数关系，使页面中的元素具备比例关系。下面通过一个内页的编排，解析基线网格与字号、行距的关系。

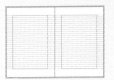

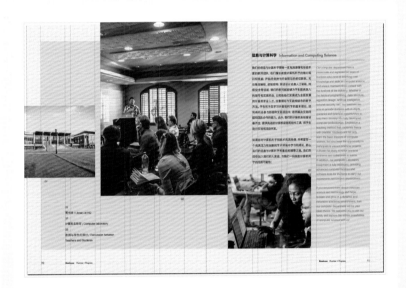

基线间隔：3pt

中文标题字号：12pt (占 4 行基线间隔)　　英文标题字号：12pt (占 4 行基线间隔)

信息与计算科学 **Information and Computing Science**

我们的信息与计算科学拥有一支充满激情和经验丰富的教师团队，他们擅长教授计算机科学的核心知识和技能，并始终保持与行业前沿的密切联系。无论是在编程、数据结构、算法设计还是人工智能、

Our computer department has a passionate and experienced team of teachers who excel in teaching core knowledge and skills in computer science and always maintain close contact with

中文内文字号：9pt (占 3 行基线间隔)　　英文内文字号：9pt (占 3 行基线间隔)
中文段落行距：18pt (占 6 行基线间隔)　　英文段落行高：15pt (占 5 行基线间隔)

🔺 上图内页（尺寸为 210 mm×285 mm）使用了基线间隔为 3pt 的基线网格，每间隔 3pt 的距离就画一条水平线。其中，中文和英文标题字号为 12pt；中文内文的字号为 9pt，行距为 18pt；英文内文的字号为 9pt，行高为 15pt。因此，从这些数值关系得知，文本字号与行距跟基线间隔形成倍数关系，从而使网格与文本相对应。

**类型四：
版面网格**

在汉字的编排中，通常建立版面网格来辅助元素的布局，而 InDesign 软件的版面网格正是基于这种方式进行工作的。选择一个字号作为基准字号来建立汉字的版面网格系统，使版面网格形成一字一格的模式。

版面网格的概念

版面网格由一系列的矩形单元格组成，单元格根据所选的字号而建立。例如以字体为梦源宋体 - W7，字号为 9 pt，行间距为 9 pt，行距为 18 pt 作为基准来建立版面网格，在网格中的单元格大小为 9 pt，即与字号相等，使文字能与网格相对应。

Tips

右图的版面网格是通过 InDesign 2021 软件 建立的，具体操作可参阅本书第 176 ~ 182 页。

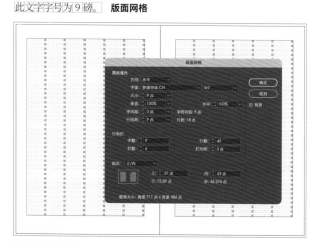

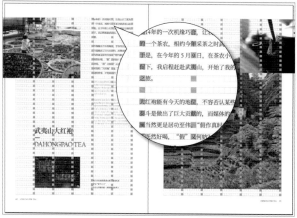

🔵 以上内页（页面尺寸为 210 mm×297 mm）是根据内文字体为梦源宋体 - W7，字号为 9 pt，行间距为 9 pt，行距为 18 pt，栏数为 6 栏，栏间距为 0，每栏字数为 9 个字，行数为 40 行，起点上为 57 pt，内为 63 pt 所建立而成的版面网格。

版面网格的运用

合理的版面网格结构能够帮助设计者将编排过程变得轻松便捷，这点在汉字编排中尤其明显。特别是与文档网格结合运用时，在密集而具有倍数关系的网格系统中，能更精确方便地调整文本字号、间距，处理元素间的对齐与疏密问题，使编排条理分明，从而有效地提升工作效率。

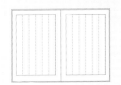

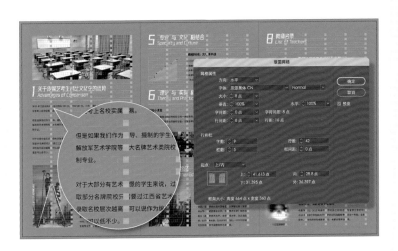

⬆ 以上折页（页面尺寸为 150 mm×260 mm）是根据正文字体为思源黑体 - Normal，字号为 8 pt，行间距为 8 pt，行距为 16 pt，栏数为 5 栏，栏间距为 0，每栏字数为 9 个字，行数为 42 行组成的版面网格。当遇到信息量大的设计时，利用网格能提高信息的可读性。再改变标题的编排，与内文形成差异，可增加版面的韵律感，同时缓解文字量多又显得单调呆板的画面问题。

类型五：文档网格

文档网格是一个由水平线条和垂直线条组成的网格，能够帮助设计师在文档中更加精准地对齐和布局文字和图像。设计师可以根据设计需求，设置符合视觉元素编排原则的网格线间隙和子网格线，使复杂的编排保持规整并提高可读性。

文档网格的概念

在文档网格中，密集的单元格由网格线间隔与子网格线形成。这不仅能更好地促成元素间的对齐，还能精准调整不同层级文本的大小、间距和各元素的位置布局。

Tips

右图是通过 InDesign 2021 软件建立的文档网格，按"Ctrl+K"快捷键，弹出"首选项"对话框，选中"网格"选项，显示"文档网格"的设置。再根据设计情况，设置"水平"和"垂直"的网格线间隔和子网格线的数值。

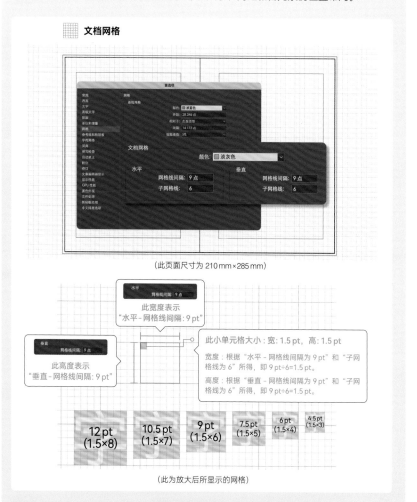

（此页面尺寸为 210 mm×285 mm）

此宽度表示
"水平 - 网格线间隔：9 pt"

此高度表示
"垂直 - 网格线间隔：9 pt"

此小单元格大小：宽：1.5 pt，高：1.5 pt

宽度：根据"水平 - 网格线间隔为 9 pt"和"子网格线为 6"所得，即 9 pt÷6=1.5 pt。

高度：根据"垂直 - 网格线间隔为 9 pt"和"子网格线为 6"所得，即 9 pt÷6=1.5 pt。

12 pt (1.5×8)　　10.5 pt (1.5×7)　　9 pt (1.5×6)　　7.5 pt (1.5×5)　　6 pt (1.5×4)　　4.5 pt (1.5×3)

（此为放大后所显示的网格）

○ 了解了文档网格的概念后，会发现文档网格类似于书写汉字用的田字格。因此，在编排汉字时，将"水平"和"垂直"网格线间隔设置为 9 pt，正好形成一个宽和高都为 9 pt 的正方形单元格。若正文的字号为 9 pt，刚好能与它对应。另外，在这宽和高都为 9 pt 的正方形单元格中，看到里面被子网格线划分成 36 个宽和高都为 1.5 pt 的正方形单元格，也就是页面中密集的网格正是由宽和高都为 1.5 pt 的正方形格子所形成的。所以，由宽和高都为 1.5 pt 的最小单元格所建立的文档网格，能帮助我们更精准快速地设置出能被 1.5 所整除的不同层级文本的字号。

文档网格的运用

文档网格在汉字的编排过程中起到至关重要的作用，特别是对于多信息、版式多样的编排，它能够提供视觉参考和辅助线，有助于设计师建立页面版心，帮助设计师快速而准确地组织文字信息和编排各种视觉元素。

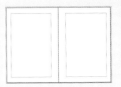

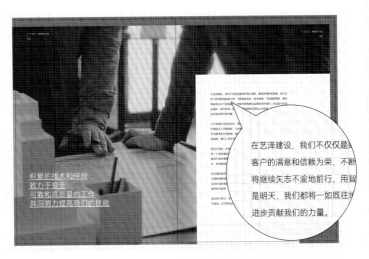

Tips

右图内页文本字体、字号、间距设置如下。

大标题：字体为鸿蒙黑体 - Regular，字号为 36pt，行距为 39pt。

引语：字体为鸿蒙黑体 - Light，字号为 27pt，行距为 33pt。

页眉：字体为鸿蒙黑体 - Light / Bold，字号为 7.5pt，行距为 12pt。

页码：字体为 Swis721 Lt BT Light，字号为 12pt。

◔ 以上内页（页面尺寸为 210mm×285mm）的正文字体为鸿蒙黑体 - Light，字号为 9pt，行间距为 9pt，行距为 18pt。根据正文字号和行间距，设置"水平"和"垂直"网格线间隔都为 9pt、子网格线都为 6 的文档网格，即形成的最小单元格宽和高都为 1.5pt。在宽和高都为 1.5pt 的单元格的辅助下，继续为标题、引语、页眉、页码等文本设置与 1.5pt 有倍数关系的字号，促使文本和图像能清晰有序地布局和对齐，使版面呈现出整洁舒适的效果。

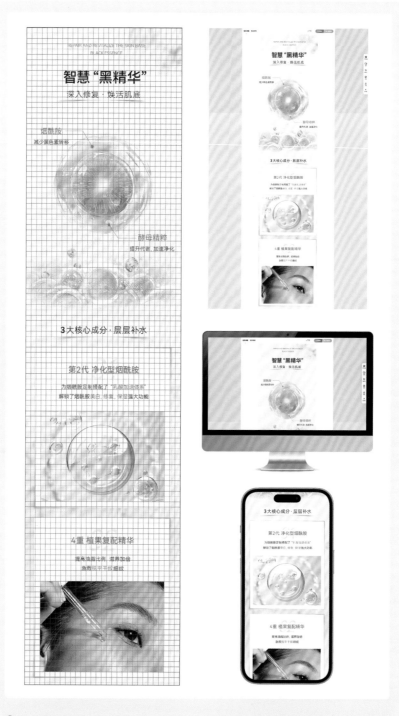

⬤ 以上为产品详情页（宽为 750 px）设计。版面由网格线间隔为 25 像素，子网格为 5 组成网格系统。密集的网格，不仅有助于我们更准确、迅速地设置不同层次文本的字号，而且能够帮助我们高效地划分视觉层级，使不同的视觉层次得以区分。通过这些网格线，能清晰布局和对齐视觉元素，使版面呈现规整且易读的效果。

🔺 上图为微信公众号内容页（宽为1080 px）的设计。版面由网格线间隔为 45 像素，子网格为 3 组成网格系统。网格提供了一种结构化的框架，有助于设计师有序地安排和组织元素，确保页面布局清晰、整齐，提升用户的浏览体验。

03 网格的设置方法

当我们了解了网格的类型之后，又如何通过设计软件来建立不同类型的网格呢？接下来我将通过 InDesign 和 Illustrator 软件来创建分栏网格、模块网格、版面网格以及文档网格。值得注意的是，这只是我个人建立网格系统的操作方式，并不代表唯一的可行方法。

章节	内容概述	页码
使用 ID 设置	通过 InDesign 软件来完成网格的建立	（176~182）
使用 AI 设置	通过 Illustrator 软件来完成网格的建立	（183~189）

使用 ID 设置

在 InDesign 软件中，主要通过网格中的"网格线间隔"和"子网格线"的数值，以及"版面网格""创建参考线"命令来完成网格的建立。详细操作如下所示。

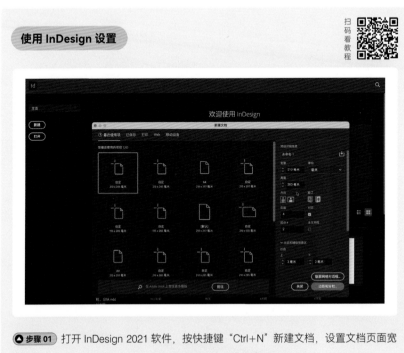

步骤 01 打开 InDesign 2021 软件，按快捷键"Ctrl+N"新建文档，设置文档页面宽度为 210 mm、高度为 285 mm，其他设置可参考上图所示。

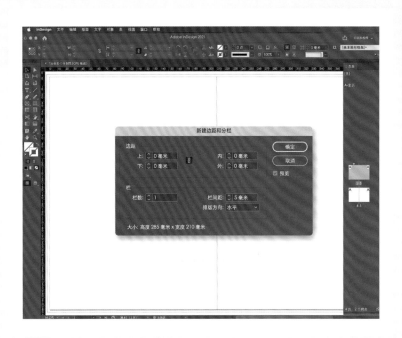

🔵 **步骤 02** 弹出"新建边距和分栏"对话框，设置上、下、内、外边距都为 0 毫米。也就是把版心大小和位置都取消。

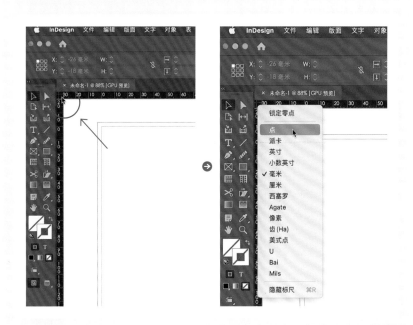

🔵 **步骤 03** 将鼠标移动到左上角标尺处，点击鼠标右键，选中"点"选项。将毫米制单位转换为点制单位，这样更方便设置网格的参数。

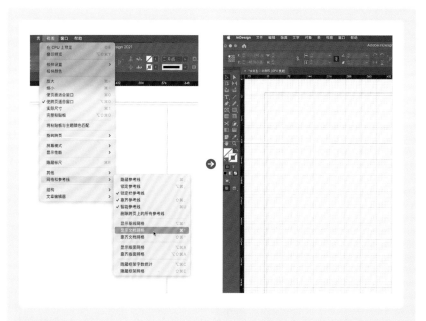

●步骤04 点击"视图"中的"网格和参考线">"显示文档网格"（快捷键 Ctrl+'），显示出文档网格线，并继续调整。

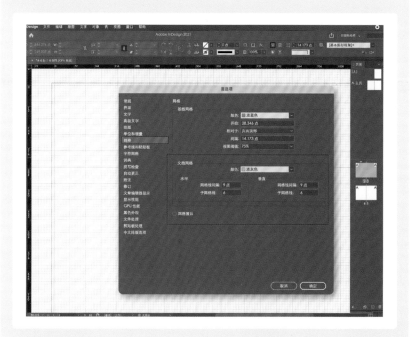

●步骤05 网格数值需要根据文本属性来设置。如正文字体为思源黑体 - Light，字号为 9 pt，行间距为 9 pt，行距为 18 pt，按"Ctrl+K"快捷键打开"首选项"对话框，点击"网格"，设置"水平"和"垂直"的"网格线间隔"都为 9 pt，子网格线都为 6。取消勾选"网格置后"，点击"确定"。

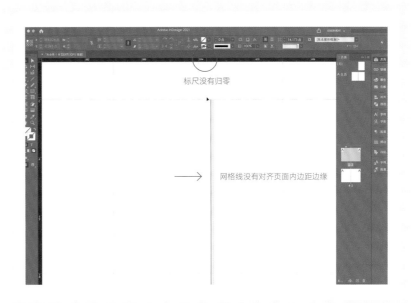

步骤 05 放大后，看到两页中间这条线并没有对齐网格线。这是因为中间位置所对应的标尺没有归零。只要将标尺归零，即可对齐网格线。

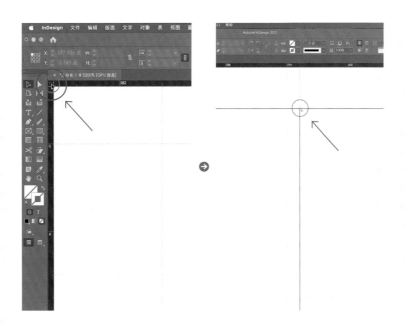

步骤 06 将鼠标移到左上角的标尺处，按住鼠标左键不松，一直拖动到两页中心位置的线上，然后放开鼠标。标尺归零之后，网格线对齐了版面。

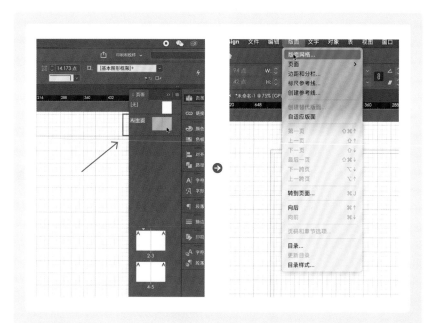

（▲步骤07）双击"A-主页"，进入主页版面。然后点击"版面"中的"版面网格"，开始设置版面网格。

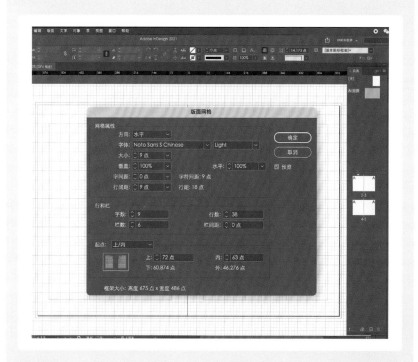

（▲步骤08）打开"版面网格"对话框，设置字体为 Noto Sans S Chinese - Light，大小为9pt，行间距为9pt；行和栏的字数为9，栏数为6，行数为38，栏间距为0；起点上／内的上为72pt，内为63pt。设置好后，点击"确定"。

步骤 09 按"Alt+Ctrl+A"快捷键，页面显示版面网格线。然后再按"Ctrl+K"快捷键，打开"首选项"对话框。在该对话框点击"字符网格"，设置"填充"为从每行首起每 9 个字符、"视图阈值"为 12.5%，点击"确定"。现在已完成版面网格的设置，接着建立模块网格，也就是在分栏的基础上建立横向的划分，即水平栏（行），类似表格中的行。

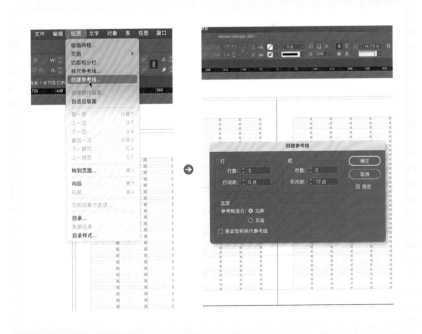

步骤 10 点击"版面"中的"创建参考线"，弹出"创建参考线"对话框，这里只设置行的数值即可。行数为 5，行间距为 0。勾选"参考线适合"中的"边距"，点击"确定"。

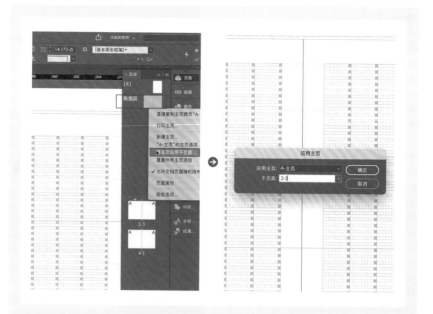

步骤 11 完成网格设置后，鼠标移到"A - 主页"上，并点击鼠标右键，选中"将主页应用于页面"选项，弹出"应用主页"对话框，在"于页面"这项，输入需要此网格系统的页码数即可。

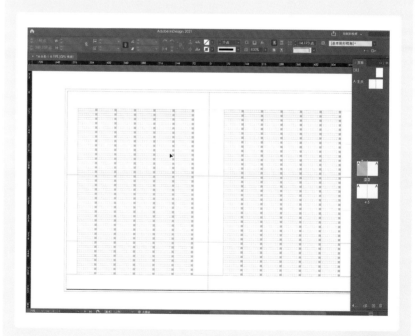

步骤 12 在以 1.5 pt 为基础的网格中，为不同层级文本设定与 1.5 pt 形成倍数关系的字号和行距。这能够使视觉元素在这系统而密集的网格矩阵中，获得精准对齐和合理空间布局的辅助。

使用 AI 设置

在 Illustrator 软件中，主要通过网格中的"网格线间隔"和"次分隔线"的数值，以及"分隔为网格"命令来完成网格的建立。详细操作如下。

使用 Illustrator 设置

步骤 01 打开 Illustrator 2021 软件，按"Ctrl+N"快捷键新建文档，设置文档页面宽度为 210 mm、高度为 285 mm，画板数量为 2，其他设置可参考上图所示。

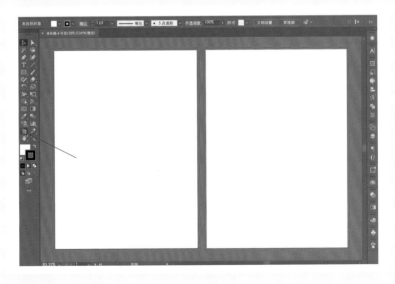

步骤 02 新建好文档后，显示 2 个画板是分开的状态。这时候点击" "画板 (Shift+O) 工具。

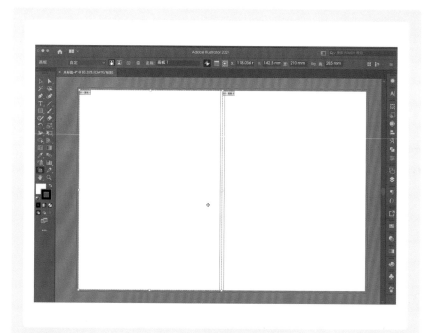

步骤 03 选中左边的画板，并按住鼠标左键不松，即可将左边的画板拖动到右边画板的边缘上。将两个画板合并起来，形成一个对页。

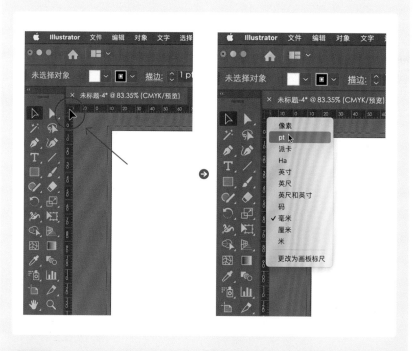

步骤 04 按"Ctrl+R"快捷键显示标尺，将鼠标移动到左上角标尺处，并点击鼠标右键，选中"pt"选项，将毫米制单位转换为点(pt)制单位。这样更方便设置网格的参数。

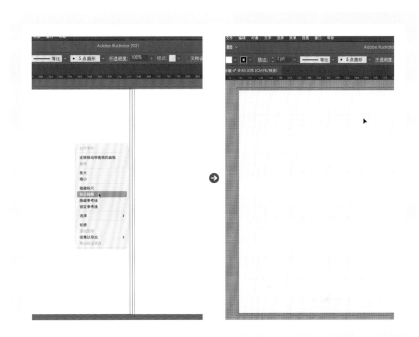

步骤 05 在画板中点击鼠标右键，选中"显示网格"选项，页面即可显示网格线。

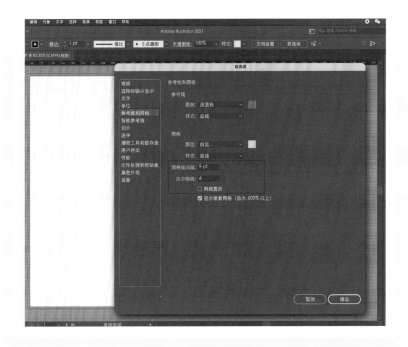

步骤 06 按"Ctrl+K"快捷键，打开"首选项"对话框，点击"参考线和网格"，设置网格的参数："网格线间隔"为 9 pt，"次分隔线"为 6，并取消勾选"网格置后"。这里网格的设置与在 ID 中的操作一样，网格数值需要根据文本属性进行设置。

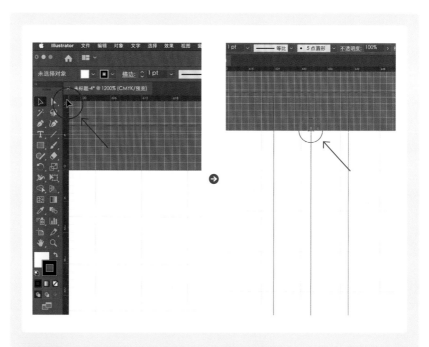

步骤 07 将鼠标移到左上角的标尺处，按住鼠标左键不松，一直拖动到两页中心位置的线上，然后放开鼠标。标尺归零之后，网格线对齐了版面。

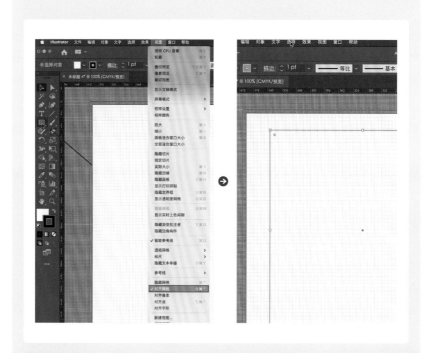

步骤 08 点击"矩形工具"，再点击"视图"中的"对齐网格"，以方便视觉元素自动吸附网格线。随后使用矩形工具确定版心大小和位置。

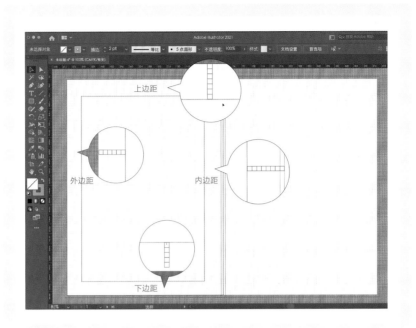

步骤 09 设置版心的方法与第 153 页中的设置方法一致，只是这里是以 9 pt 大小的单元格作为单位来计算。如上图所示，上边距占 7 个 9 pt 的单元格（7×9 pt=63 pt），内边距占 8 个 9 pt 的单元格（8×9 pt=72 pt），下边距占 5 个 9 pt 的单元格（5×9 pt=45 pt），外边距占 6 个 9 pt 的单元格（6×9 pt=54 pt）。使用矩形工具确定边距的大小，即可得到版心。

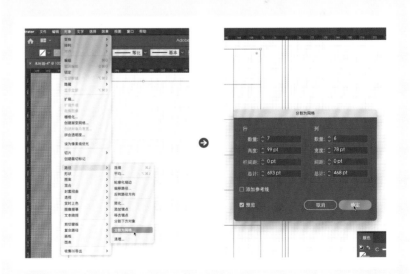

步骤 10 完成版心的设置后，将版心的框分割为网格。点击"对象"中的"路径"＞"分割为网格"，弹出"分割为网格"对话框，设置行"数量"为 7，"高度"为 99 pt，"栏间距"为 0 pt；列"数量"为 6，"宽度"为 78 pt，"间距"为 0 pt，点击"确定"。

187

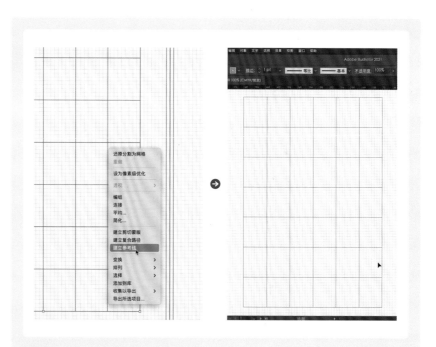

步骤 11 完成网格的分割后，全选这些网格，点击鼠标右键，选中"建立参考线"。
接下来将左页面这些网格线复制粘贴到右页面。

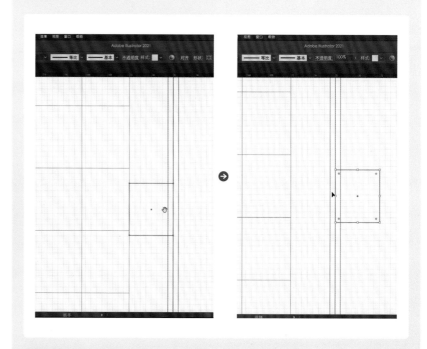

步骤 12 使用"矩形工具"确定左页面内边距的宽度，然后将鼠标移动到右页面的
内边距上。

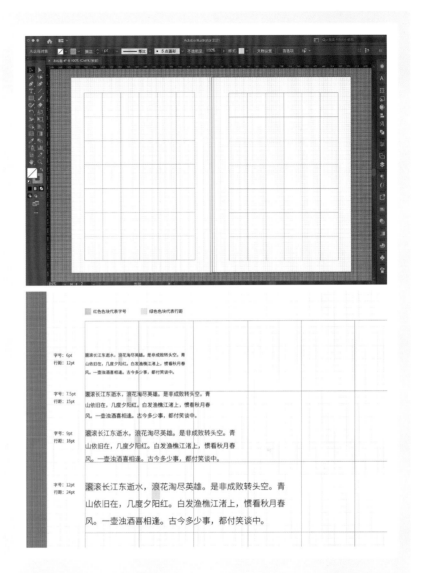

⬤ **步骤 13** 将左页面的网格线复制粘贴拖到右页面的内边距上（上一步所画的内边距宽度），就完成了整个网格的建立操作。在以 1.5 pt 为基础的网格中，为不同层级文本设定与 1.5 pt 形成倍数关系的字号和行距。

Tips

使用 PS 建立网格：

在 Photoshop 软件中，主要通过调整"网格线间隔""子网格"的数值，以及"新建参考线版面"命令来完成网格的建立。详细的操作步骤请扫右侧二维码查看。

扫码看教程

189

不可忽视的版式问题
网格篇

跨越几个栏或几个单元格来编排

无论是什么类型的网格，都可以作出不同的版面效果。但是用网格系统进行编排，一些设计者通常会把设计要素都放置在一个栏里或一个单元格中，这样的画面缺乏变化感。其实可以跨越几个栏或几个单元格来进行编排，这样能设计出有不同变化的版面样式。

注意内边距，留有足够的空白

设计一本页数较多的图书时，若内边距不足，在装订(胶装)过程中，整个书脊区域的厚度会增加，可能导致翻页困难或阅读体验不佳。一般情况下，内边距会比外边距宽，主要目的是确保靠近内边距的信息清晰易读。

Before

After

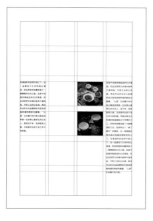

Before

After

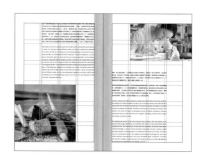

Before

After

栏距不能过于
紧密或宽松

栏距过于紧密或宽松可能影响阅读体验。通常情况下，建议将栏距设定为 2~3 个正文字号的大小，以保持适度的间隔。此外，不同的媒介可能需要考虑不同的情况，例如在 PPT 编排中，由于尺寸的变化可能需要调整字号大小，因此设置的网格栏距也应随着字号的改变而做相应调整。

Before

After

行宽不能
过短或过长

行宽过短会导致眼睛需要频繁地来回扫视，容易产生跳行现象，从而破坏阅读的连贯节奏；而行宽过长则使得视线移动距离增大，导致阅读体验不佳，甚至可能导致版面显得拥挤，留白感不足。

191

不要总是把
每个空位都填满

网格由一定数量的纵向栏或横向栏组成，用以容纳文字和图像等视觉元素。但是不要把每个网格都填得很满，适当留出空白，能让版面显得更透气和简洁。

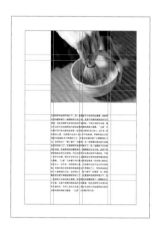

下移文本栏，
营造透气的留白感

下移文本栏的好处是可以营造透气的留白感。它不仅能让版面达到平衡简洁的画面效果，还能让单栏呈现出低调而简约的版面样式。下移文本栏可以是下移标题或是整段文本。注意下移的距离，下移后页面不能过于空旷，不然会失去信息间的紧密性和整体的平衡感。

Before

版心率过高，显得整体拥挤

After

适当调整版心大小，提高整体留白感

改变版心大小，提高整体的留白感

版心的大小一般会影响到设计作品的整体效果。版心的大小又称为版心率，版心率高，容纳的信息量较多，因而整体显得拥挤；版心率低，容纳的信息量较少，四周留出的白边较多，因而整体会显得舒适和轻松。所以，可以改变版心大小，从而提高整体的留白感。

Before

After

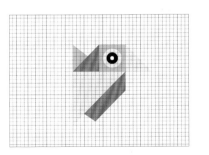

借助网格，使绘制过程更加精准和可控

显示网格，辅助图形的绘制

当显示网格时，实际上为图形的绘制提供了一种可靠的辅助工具。网格不仅可以帮助我们确保图形元素的对齐和平衡，还为我们提供了准确的参照线，使绘制过程更加精准和可控，帮助我们更方便地调整和优化图形。

→
Posters
Design

（五）
海报设计
技巧及案例实操

海报是一种用于宣传、传达信息或推广活动等的传播工具。它通常是在纸张或其他平面媒介上，通过图像、文字和其他设计元素呈现出来的一种视觉化的效果。每个海报的创作都应该与目标受众相契合，与创意紧密相关。

本章从"海报类型与风格表现、不得不学的 7 种海报构图以及海报设计之案例实操"这几个方面，展示了不同海报设计中的编排技巧和创意，为读者提供实用的设计经验，帮助他们更好地理解版式知识的应用。

01

海报类型与风格表现

海报是一种大众化的宣传工具,覆盖范围广泛。它具有醒目的图像、文字和颜色,旨在在短时间内引起受众的兴趣,传递特定的信息或宣传活动、产品、服务等。

章节	内容概述	页码
海报类型	商业海报、影剧海报、 文化艺术海报、公益海报四种类型	(196~198)
海报风格表现	极简风格、科幻机能风格、孟菲斯风格等 10种海报风格表现	(198~203)

海报类型

海报是通过纸质或电子媒介向大众传递信息的艺术载体,作为广告营销的关键组成部分,在促销、宣传和吸引消费者方面发挥着重要作用。海报按照性质大致可以分为商业海报、影剧海报、文化艺术海报和公益海报四大类。

商业海报

商业海报指具有强烈的商业广告性质的海报。这类海报主要以促销、宣传、推广等需求为题材,主要用于餐饮、地产、招聘、教育、旅游等领域。

餐饮海报

促销活动打折海报

招聘海报

影剧海报

这类海报的主要目的是吸引受众的关注，清晰地向受众传达电影、剧集、纪录片等具体信息。通常这类海报主要以主演人物或剧中场景作为主画面，再通过各种创意手法来传达画面的信息内容和情感。

电影《假若比尔街能够讲话》

利用双重曝光的方式，将人物的轮廓与剧中场景结合。

电影《徒手攀岩》

使用"俯视拍摄"角度呈现出惊心动魄的攀岩场景。

电影《再见》

海报以电影名作为主体，放大并布局在中心，强烈突出海报主题。

文化艺术海报

文化艺术海报指为各种展览、文娱活动等设计制作的海报。设计师需要先梳理清楚主题和活动内容信息，再运用各种艺术元素来呈现活动的主题和氛围，以突出画面的创意性和独特性。

茶品牌周年庆主视觉海报

画面以数字"3"为主体，将其放大后置于版面中央，突出主题的同时形成了鲜明的大小对比。

爵士即兴音乐节主视觉海报

海报采用了抽象的视觉元素和现代设计风格，给人一种前卫和创新的感觉。

虎年跨年海报

以"虎"字为主，并对它进行特殊的设计处理。其他文字以"两端对齐"的方式排列。

公益海报

公益海报旨在反映社会或环境问题，唤起公众的关注和行动，以改善社会或环境状况，或弘扬爱心奉献和共同进步的积极精神。

献血公益海报：一个救四个
创作总监：Junior Lisboa

让我们保持水源清洁
创作总监：Ion Barbu

全球反拐卖女性儿童海报
设计：Alejandro Rivera-Plata

Tips

实验性海报：除了前面提到的海报类型，还有一种实验性海报。这种海报近年来备受欢迎，未来预计将有更大发展空间。实验性海报通过提炼多种艺术语言的特点和精华，通过持续实验和尝试，寻找设计的新方向。它与商业海报的不同之处在于它具有探索性、未知性和创新性。

设计：Bohuy Kim　设计：Baklažanas

海报风格表现

海报的风格表现指设计者对主题的理解、创作手法的运用、信息传达的手段、艺术语言的驾驭等独创性表现。对于平面设计的视觉风格分类，目前还没有明确的标准。以下是我根据个人经验所总结的风格分类方法。

风格分类

按色彩划分　　　　　　按设计流行趋势划分

● → 神秘感　　　　　　极简风格

● → 科技感　　　　　　孟菲斯风格

● → 活力感　　　　　　科幻机能风格

● → 清新感　　　　　　拼贴风格

……　　　　　　　　……

极简风格

极简风格是基于"去繁求简、少即是多"的理念产生的一种设计风格，画面以留白为主，并舍弃过多装饰性的视觉元素，以突出核心信息，具有高级且精致的主题调性。

设计：Miuyan Chow　　设计：Miuyan Chow

新中式风格

新中式风格是在传统中式风格的基础上，与现代设计理念相融合，创作出的既有传统韵味和东方美学，又具有现代感的简约风格。新中式风格除了强调传统的中国文化元素外，还加入扁平式的插画、渐变色、西文字体和现代元素，尽显创新性。

设计：Miuyan Chow　　设计：Miuyan Chow

科幻机能风格

科幻机能风格由 CYBERPUNK（赛博朋克）延伸而来，给人强烈的机械科幻感。这类海报通常运用电路板符号、电子元件、不规则界面框或特殊符号作为代表性的视觉元素。标题字体一般选用简洁硬朗的黑体或无衬线体，或笔画具有切割角度的特征。

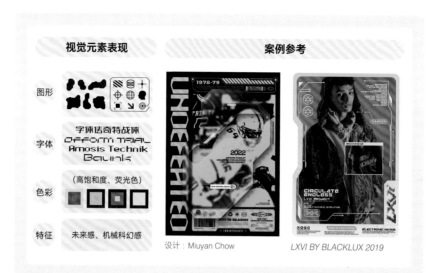

| 视觉元素表现 | 案例参考 |

设计：Miuyan Chow

LXVI BY BLACKLUX 2019

拼贴风格

拼贴是指将多种素材重新拼接形成一幅新画报，给人一种文艺复古而时尚的视觉印象。通常将纸张、布片、胶带或其他材料以类似"手账"的拼接方式，创作出全新的拼贴作品。拼贴风格的海报一般使用手写体、美术体或粗笔画的黑体等，并采用低饱和度、复古怀旧的色彩搭配。

| 视觉元素表现 | 案例参考 |

新丑风格

新丑风格是一种打破传统审美标准和设计秩序的反叛风格。新丑风格海报的主要视觉表现为冲突的色彩碰撞，简陋而抽象的图像设计，变形的字体和看似凌乱的排版，给人一种美与丑共存的感觉。注意，这种备受争议的设计风格，在商业设计中要慎用。

禁止停车,设计:许焕枫　　　　　　出花园,设计:许焕枫

酸性风格

酸性风格来源于迷幻艺术,通常被运用到音乐、俱乐部、服装等潮流项目中。这类风格以年轻化市场为主,采用鲜艳的色彩组合,如霓虹色搭配,同时叠加酷炫未来感的材质,如金属、流体、玻璃、镭射等;图像多采用几何图形等;文字使用装饰性强的字体,如尖锐的字体、逆反差字体。

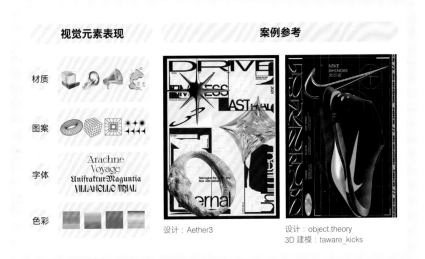

设计:Aether3　　　　　　设计:object.theory
　　　　　　　　　　　　　3D 建模:taware_kicks

弥散渐变风格

弥散渐变风格是通过模糊与多种色彩形成虚实变化的色彩光感效果,为视觉观感增添流动感和变化层次。弥散渐变具有丰富的色域变化,不规则的虚实变化使渐变更加活泼,且有深刻的记忆点,能满足多个场景的设计需求。

视觉元素表现	案例参考
材质	添加颗粒噪点效果
字体	（没有界定的字体） 思源黑体　Bronova 荣耀体　Aileron 江城圆体　FreightBig
色彩	
特征	渐变边缘保留较为 清晰的轮廓

设计：Alisa Paludeti　　　设计：Jaeha Kim

欧普艺术风格

欧普艺术是 20 世纪 60 年代起源于欧美的艺术运动，提供利用光与图形产生视觉上的错觉和感知的艺术形式，又被称为幻视艺术或光效应艺术。欧普艺术风格的图案多数由直线、曲线、圆形、矩形等几何形状组合而成——这些几何形状在二维平面上就能创造出三维动态的画面。欧普艺术风格的图案适合作为主形象或者装饰底纹呈现。

视觉元素表现	案例参考
图案	
字体	思源黑体 联想小新潮酷体 像素体 LanaPixel
色彩	选用高饱和度颜色衬托图案
特征	产生视觉上的 错觉与感知

设计：Miuyan Chow　　　设计：Louise Borinski

Y2K 风格

Y2K，Y——year，2——2000，K——kilo，是 20 世纪 90 年代初到 21 世纪初之间的一种潮流文化，也被称为千禧风。Y2K 风格具有强烈的未来科技感和复古美学的调性，常用颜色有冰蓝色、粉色、紫色、银色等，并加入具有光泽感的材质和老式电子设备、电脑界面等核心元素。此风格大多数应用在潮流音乐、舞台、服饰、实验性设计的场景中。

设计：Freepik（freepik.com）　　设计：Pluto Project

孟菲斯风格

孟菲斯风格具有个性化和趣味性的特点。孟菲斯风格海报的主要视觉表现为扁平描边式的几何形状，强烈的色彩组合与碰撞，并结合点、网格、线作为背景纹理，具有伪立体的效果，为画面提供视觉上的空间感。以重复而随机的排列方式呈现，使画面产生有活力且有趣的视觉效果。

设计：Mike Karolos　　设计：Andrzej Wieteszka

Tips

有关视觉海报设计的灵感网站：

① https://www.typographicposters.com/

② https://www.themovingposter.com/

③ https://www.museum.or.jp/

④ https://www.anothergraphic.org/

02 不得不学的7种海报构图

构图在海报设计中起着关键的作用。它不仅有助于确定各元素的位置，还能够使画面显得平衡和谐。那么，构图与元素之间是如何布局的呢？接下来，我们将学习7种常用的海报构图类型及技巧。

7种常见的海报构图类型

构图的主要目的是快速安排视觉元素的位置，以实现视觉上的均衡。构图的首要步骤是要明确主体（主画面）的位置，主体是版面的视线焦点，它可以是图像、关键文字等。主体的位置明确后，根据主体的位置确定画面的平衡点，从而构建不同类型的构图。七种常用的海报构图类型分别是左右构图、上下构图、对称构图、中心构图、围绕构图、对角构图和方格构图。

左右构图

左右构图是将画面分为左右两个主要区域，再将主体元素放置在页面的左侧或右侧，建立从左（右）往右（左）的阅读流程，以强调信息的流程和层次。

⬛ 将图片作为画面的主体，放置在页面的右侧，占版面的3/4；将文字标题放置在页面的左侧，占版面的1/4，形成1:3的左右构图，使图片主体占据主导地位，更引人注目。

⬛ 将毛笔字作为主体，放置在页面的左侧，将其他文字信息放置在页面的右侧，形成1:1的左右构图。采用这样的比例构图，能够使版面元素布局更显规范而严谨。

204

上下构图

上下构图是常见的构图类型，它将画面分为上下两个主要区域，再将主体元素放置在页面的上方或下方部分，建立从上而下的阅读路径，使所呈现的版面平衡而稳定。

设计：Miuyan Chow

设计：Miuyan Chow

🔺 将图形作为画面的视线焦点，放置在页面的上方，将其他重要信息安排在页面的下方，构建出上下构图。画面中无彩色与有彩色的对比搭配，形成了强烈而鲜明的视觉效果。

🔺 此海报的标题和主图作为主体，放置在页面的上方，将其他辅助信息放在下方，形成上下构图形式。通过这种分区布局，信息层次更加清晰，受众能够快速获取主要信息。

对称构图

对称构图来源于我们的生活，在建筑、绘画、摄影和设计等领域都被广泛应用。画面被划分为两个或更多个相似的部分，这些部分在形状、大小和位置上产生类似相互镜像的对称视觉感。这种构图营造了一种平衡和稳定感，使画面形成对等的视觉重量。

设计：Miuyan Chow

设计：Miuyan Chow

🔺 在对称构图中，中心轴是衡量对称的标准。此海报的中心轴将画面分成左右两部分，也可以分成上下两部分，形成明显的对称视觉效果，使画面看起来整齐有序。

🔺 此海报的中心轴将画面分成左右两部分，上方文字以拱形的路径文字方式编排，下方标题以留白型字距横向编排，整体呈现出左右对称的视觉效果。

中心构图

通常情况下，中心构图是将主体放置于版面的中央，形成视线焦点，再运用其他元素来平衡和强调主体。因此，我们可以构建出三种类型的中心构图：上中下中心构图、左中右中心构图、完全中心构图。这种构图能够直观地呈现核心内容，从而突出重点信息。

上中下中心构图

左中右中心构图

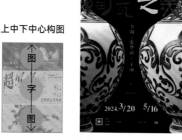

设计：野村デザイン制作室（nomura-design.com）

设计：Miuyan Chow

⬣ 将主要信息置于版面正中，上方和下方分别排放图片，构建一个典型的上中下中心构图。标题字经过设计之后，使字体气质更符合画面主题，也让版面更显精致高级感。

⬣ 在页面的左右两侧放置图片，将重要文字信息放置在页面的中央，打造左中右中心构图，也构建了对称构图，使画面表现出平衡、稳定和具有美感的特点。

完全中心构图

完全中心构图

设计：Miuyan Chow

设计：colors（colors-design.com）

⬣ 在这张海报中，将中央位置的主要文字信息作为画面的主体，并通过色块与背景进行区分，使其形成视线焦点，便于观众一眼捕捉到核心内容，整体也形成完全中心构图、对称构图，增强了视觉的平衡感和整体性。

⬣ 完全中心构图的主体位置并不一定要处于画面的绝对中心，而应根据画面的重心平衡来调整主体的中心位置。在这张海报中，图片被放置在页面的中央偏上的位置，而大标题则以透视的方式变形并放大，布局在图片底部。

围绕构图

围绕构图是在确定主画面位置后，在主画面四周放置其他信息，以增强主画面的聚焦感，同时使整体布局更加紧凑。此外，围绕构图并不要求在四个边上都排布元素，但至少在其中两边布局视觉元素，应根据设计项目的需求和信息量来灵活排布元素。

四边围绕构图
（完成中心构图）

设计：Miuyan Chow

四边围绕构图
（完成中心构图）

设计：인볼드（www.inbolde.com）

● 以字为主画面，置于页面的中心位置，文字信息布局在页面的四边，形成四边围绕构图、完全中心构图。这种构图既能突出主画面，也为其他信息内容提供了编排布局的空间，使版面各元素达到视觉平衡。

● 以图片为主画面，并将图片置入形状蒙版中，布局在页面的中心位置。文字编排在图片的四周，通过大小、粗细对比进行文字的视觉层级化。整体的图文布局构成四边围绕构图、完全中心构图。

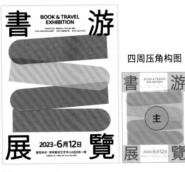

四周压角构图

设计：Miuyan Chow

三边围绕构图

设计：Miuyan Chow

● 将关键元素（如标题、图形）分别布局在版面的四个角落，形成一种压角效果，起到"收紧"整体布局的作用，其他信息则编排在主画面周围。这样的构图能使观众的视线聚焦在画面中央，同时保持整体平衡和美感。

● 将图片作为主画面，置于页面中心略偏左的位置，而标题内容则放置在图片的上下方，随后在页面的右边编排其他文字信息，从而形成了三边围绕构图的布局，突出了三边的设计特色。

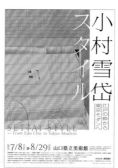

上下两边围绕
构图

右下两边围绕
构图

主

主

设计：Miuyan Chow

设计：野村デザイン制作室（nomura-design.com）

🔺 以图片作为主画面，放大展示在页面中，再将文字信息安排在页面的上下两边，形成上下两边围绕构图、上中下中心构图。另外，还可以调整文字信息至左右两边，形成左右两边围绕构图、左中右中心构图。

🔺 将图片放大并作为主画面，置于页面左上方，而将重要文字内容编排在图片的右边，其他文字内容安排在页面的下方，形成右下两边围绕构图的布局。当然，也可以调整主画面位置，以创建左下、左上或右上的两边围绕构图。

Tips

判断构图类型的方法可以有多种，且一个版面中可以采用多种不同的构图类型。

对角构图

对角构图是把主体安排在对角线上，形成对角平衡的效果，具有均衡、沉稳的版面特点。这种构图能够将观众的视线从画面的一个角落引导到另一个角落，有助于观众更自然地浏览整个画面。

🔺 将两张图片分别放置在画面的右上角和左下角，将文字信息则分别放置在画面的左上角和右下角，使图与图、文与文形成对角呼应的关系，营造出和谐平衡的视觉效果。

🔺 将图片以满铺页面的形式展示，增加画面的图版率。利用对角线关系将文字排列在对角线上，使读者能够快速获取信息内容。

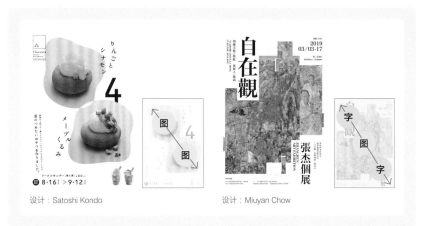

设计：Satoshi Kondo　　　　　　　　　　设计：Miuyan Chow

◐ 将两张图片作为页面的主体，再以图片作为交点的对角关系，形成整体画面的对角构图。其他视觉元素则被视为点或线，创造出层次丰富的版面效果。

◐ 将图片作为主体，居中放置在页面中，将重要文字信息分别安排在页面的左上角和右下角，以营造中心对角构图的效果。这种构图看起来更稳定和谐，能够更直观地突出主题。

方格构图

方格构图是指根据设计项目的需求和版面信息量，将版面划分为若干个格子，以便于对齐和规划不同层级的视觉元素，形成清晰的结构。通常将色彩填充在格子中，再融入点、线、面元素，以实现版面的视觉平衡，并使画面丰富而和谐。

设计：인볼드 (www.inbolde.com)　　　　　设计：Specht Studio

◐ 将页面划分为多个格子，然后将不同层级的文字信息安排在不同的格子内，以确保版面的各个元素达到视觉平衡。

◐ 在方格构图中，通常在格子中填充适当的色彩，并通过调整整体颜色比重和视觉重点来微调格子的位置和大小，确保版面的视觉平衡。

Tips

在进行构图时，需要考虑画面的视觉平衡、美学和设计表现力等方面。当不确定如何建立画面构图时，可以根据视觉比重原则来确定版面主画面及其他元素的布局。

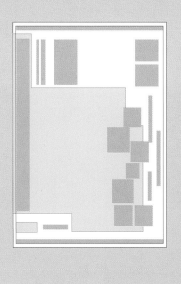
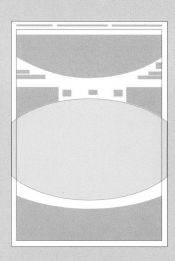
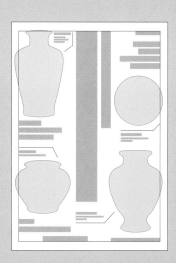
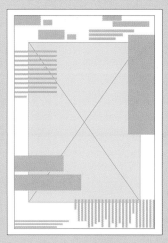
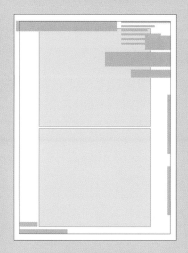
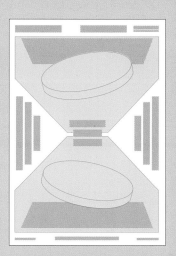

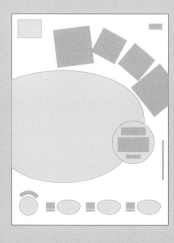

03

海报设计
之案例实操

案例 01:
如何让画面更具复古怀旧感

Before ✕

① 字体种类较多，且与主题调性不匹配，存在一定的不协调感。

② 画面呈现缺少复古怀旧的质感，使得整体视觉效果显得相对单调。

③ 采用了较为普遍的版式结构，使得设计显得过于同质。

④ 整体缺乏独特性和创意，容易在视觉上失去吸引力。

海报类型：文化艺术活动海报
设计尺寸：1800 px × 2600 px
投放载体：线上宣传海报

① 中文字体为ヒラギノ明朝 Pro、昭源宋体、ヒラギノ角ゴシック，英文字体为
　FreightBigMedium。将主标题进行拆分错位编排，并对文字进行肌理效果的处理。
② 文字采用横竖方向编排，将图片裁切成不规则的形状，提高图片的形式感。
③ 整体添加颗粒和网点的肌理效果，能有效丰富画面并提升画面细节质感，这也
　是营造主题氛围的有效手段。

案例 02：
如何营造画面的复古个性感

Before

① 虽然顶部的"SOUND"和"音潮浪客"字体清晰，但不够具有复古摇滚的强烈个性。建议采用更具力量感、个性的字体。

② 图片的表现力不够突出主题调性，且缺少质感和细节。

③ 目前使用的橙色和蓝绿色虽然对比鲜明，但整体较为保守，色彩的冲击力不足。

④ 元素的排版和视觉处理较为单一，可以添加颗粒感的效果来营造复古质感。

海报类型：文化艺术活动海报

设计尺寸：1800 px × 2600 px

投放载体：线上传播海报

① 字体为兵克锐黑体、鸿蒙字体、Acumin Variable Concept。

② 将标题文字进行变形处理，增加视觉上的冲击力和独特性。

③ 图片放置在椭圆形框内，并进行颗粒化的处理，突出了怀旧复古的摇滚音乐氛围感。海报通过色彩对比和图像放置，将视觉焦点从上至下进行引导。

④ 采用上中下中心构图，帮助观众快速聚焦于海报的核心内容，营造平衡感。

案例 03：
如何让画面具有精致高格调

① 将文字简单放大来填充画面空白处，容易造成画面的生硬和不协调。

② 图片的运用未能展现简洁凝练效果，无法传达出清晰而有力的视觉信息，使整体效果略显平淡。

③ 仅仅将文字简单地铺陈在页面上，导致整体布局显得过于松散，缺乏紧凑感。

海报类型： 摄影展海报

设计尺寸： 600 mm × 800 mm

投放载体： 线下宣传海报

① 中文的字体为梦源宋体、鸿蒙字体,英文的字体为 Cochin,数字的字体为 Amiri。

② 将"雲間"两字做模糊处理,放大并置于版面中心,四周放置标题和其他文字信息,整体形成中心四周围绕的构图。

③ 调整文字间的层级关系,并借用颜色的深浅和大面积的留白,使画面显得精致凝练、张弛有度。

案例 04:
如何让画面具有高级韵味感

Before ✗

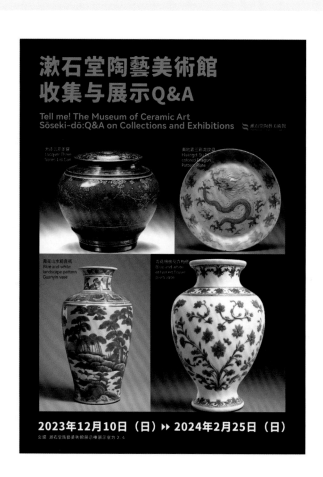

① 采用加粗的黑体字虽然突显文字，却未能展现出文化韵味。

② 虽然画面信息排列整齐，但版式显得过于刻板，同时缺少足够的留白，使得整体显得单调呆板。

③ 文字编排和图片处理显得单一，难以展现出丰富的版式结构，使得画面缺乏排版的多样性。

海报类型：美术展馆展览海报

设计尺寸：600 mm × 700 mm

投放载体：线下宣传海报

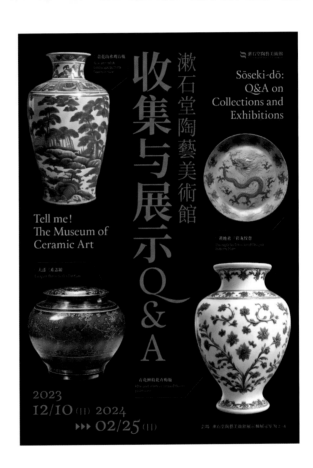

① 中文字体为昭源宋体 (Chiron Sung HK)，英文和数字字体为 Calendas Plus。

② 标题采用竖向排版，放大并置置于版面中心，四周放置其他文字信息和图片，
形成中心四周围绕构图。

③ 将图片进行"全部去底图"处理，以节省图片在版面的空间，创造出引人注目
的版式印象。

案例 05：
如何让版式更具有变化感

① 尝试选用优雅又方正的字体，并注意中英文字体的搭配，以提升整体视觉效果。

② 建议改变版面的构图，使其更具变化性。

③ 在考虑图片与文字的编排方式时，可以尝试文字叠压图片、文字的横竖混排、
文字的错位编排等，以丰富画面的表达，创造更具视觉冲击力的效果。

海报类型：美术展馆展览海报

设计尺寸：600 mm × 700 mm

投放载体：线下宣传海报

① 字体为繁媛明朝体、FOT- 筑紫明朝 Pr5N、Minion Variable Concept。

② 图片置于版面中心，文字则采用横竖的方式编排，大胆地将文字叠压在图片上，并布局在图片四周，形成中心四周围绕构图。

③ 利用红、黑两种颜色将版面一分为二，形成左右对称构图，使画面达到平衡。

案例 06：
如何让版面编排得活跃有趣

① 所选的字体并未能突显出主题的轻松悠闲感。

② 图片以方形展示，但没有控制好图片的大小和图文编排方式，使画面显得单调粗糙，整体缺乏设计感。

③ 仅仅对文字进行罗列，无法吸引受众的眼球。

海报类型：户外露营活动海报

设计尺寸：1080 px × 1450 px

投放载体：线上宣传海报

After

① 中文字体为猫啃什锦黑、标小智无界黑、鸿蒙黑体，英文为 Jon Sans Trial、Mistral。

② 将图片嵌入不规则形状中，并把文字沿着形状边缘排列，不仅能缓解画面的生硬感，还能让文字具有流动性，从而增加版面的趣味感。

③ 为版面添加"划痕"的肌理效果，能丰富画面，提高画面的质感。

案例 07:
如何让信息更突出，并有高级感

Before ✗

① 所选的字体为宋体和书法体，与内容的氛围调性不匹配。

② 文字编排过于单一，使整体画面显得单调和粗糙。

③ 仅仅罗列文字，无法有效突显信息的关键点。

④ 在没有图片素材的情况下，尝试添加与信息匹配的图形以进行画面修饰。

海报类型：数据统计类海报

设计尺寸：1268 px × 2150 px

投放载体：线上宣传海报

① 所选用的字体为优设好身体、鸿蒙黑体。

② 通过字体的粗细、大小、颜色的对比，来强调突出重要的数据。

③ 根据数据的性质使用图形元素来增强视觉吸引力，并使信息更易理解。

④ 确保不同数据集之间有足够的区分度，使信息传达更清晰、准确、简洁。

案例 08：
如何提升画面的科技高级感

① 所选用的字体为宋体和书法体，与主题的科技感不相符。

② 版面的文字排列和布局显得过于传统。

③ 画面缺乏设计感和精致感。

④ 建议添加符合信息内容的科技元素或图形进行画面修饰。

海报类型：邀请函海报

设计尺寸：1268 px × 2150 px

投放载体：线上投放海报

① 所选字体包括字体圈欣意冠黑体、联想小新潮酷体、兵克高级黑、阿里巴巴普惠体和 Akzidenz-Grotesk BQ。尽管字体种类较多，但由于它们都是黑体，整体设计不会显得混乱。黑体不仅符合科技感的主题氛围，还提升了文字的传达性。

② 整体以蓝黑色调为主，呈现出科技未来感与成熟稳重的视觉形象。

③ 添加科技元素和图形，重新设计并放大"VIP"字样，使受众一眼就能明白设计传达的内容。

案例 09：
如何提升版面的完整度

① 所选字体过于俏皮可爱，与主题调性不协调。

② 整体排列呈现出拼凑感，导致画面的完整度不够高。

③ 元素处理显得粗糙，降低了版面的质感。

④ 仅仅将图片和文字随意铺陈在页面上，显得毫无设计感。

海报类型：家居会展海报
设计尺寸：1080 px × 1400 px
投放载体：线上宣传海报

① 中文字体为字体传奇雪家黑、HONOR Sans CN，数字字体为 Inter。

② 在背景黄色底部添加圆点图案作为肌理，而蓝色部分的边缘以类似油漆的笔刷
触感呈现出来，打破了直线的生硬感，使版面具有时尚感和强烈的层次感。

③ 画面构图是以图片为中心，将文字放置图片周边，形成中心围绕的构图。

④ 最后添加一层白色半色调纹理，使整体呈现出一种粗糙化的质感效果。

案例 10：
如何调整和丰富画面细节质感

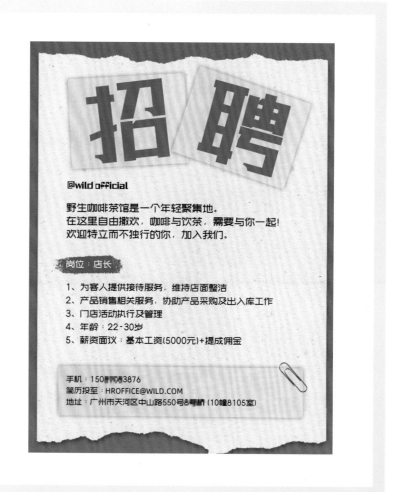

① 画面缺乏设计感，需要更加注重整体布局和设计的统一性。

② 字体的选择与版面调性不协调，缺乏对字体的理解。

③ 内文信息的层级变化相对单一，导致整体版面显得过于单调。

④ 元素拼贴处理过于随意，导致画面过于粗糙，毫无质感。

海报类型：招聘海报

设计尺寸：1080 px × 1400 px

投放载体：线上宣传海报

① 应选择匹配画面风格调性的字体。尽管选择了多种字体类型，但它们在版面中产生了和谐统一的效果。

② 对文本进行层级区分，以突显重要信息，使整体布局具有清晰有序的信息流程。

③ 对画面进行融合和修饰，为文字增添拼贴做旧的肌理感，同时添加手写的笔触感，以进一步提升整体的质感。

案例 11：
如何让画面体现艺术设计感

Before ✕

① 整体编排呈现出拼凑感，导致画面的完整度不高。

② 主标题选用手写体，气质较为可爱，与主题调性不够匹配。

③ 图文编排和布局过于单一，应考虑文字与元素之间不同的编排形式。

④ 画面配色不协调，导致视觉冲击力不足。

海报类型：美术展馆展览海报
设计尺寸：600 mm × 850 mm
投放载体：线下宣传海报

① 所选用的字体有荣耀字体、筑紫 B 丸ゴシック、Bronova。

② 版面使用中心围绕构图（对称构图），文字主要布局在版面的四周，以增强主
　画面的聚焦感，同时使整体布局更加紧凑。

③ 添加与主题相符的元素，在二维平面上呈现出三维空间动态的画面。

④ 画面使用黄蓝对比色，在视觉上产生强烈的效果，使元素在设计中更加突出。

案例 12：
如何让餐饮海报更有吸引力和高档感

Before

① 整体设计体现不出餐厅的高档感，有种大排档的视觉效果。

② 主标题选用的字体为黑体，在气质上偏机械理性更多，可更换具有手工感笔触的字体，如书法体或手写体。

③ 整版背景颜色都为红色，如果红色搭配不好，反而会产生一种俗气感。

④ 图文编排和布局过于单一，应考虑文字与图片之间不同的编排形式。

海报类型：餐饮海报

设计尺寸：600 mm × 800 mm

投放载体：线下宣传海报

① 主标题文字字体为玉ねぎ楷书激无料版，其他文字字体为时髦公子黑、鸿蒙黑体、站酷庆科黄油体、Public Sans。

② 将主标题文字进行大小错位编排，并围绕主图边缘排列，两者形成对角线关系。

③ 背景颜色主要为红色和米白色，同时叠加材质肌理作为背景纹理，再将"辣"字放置在背景中，不仅能强调产品具有辣味，还能提高画面的视觉层次感。

④ 将其他信息进行细节化处理，如把"主价格"以标签贴的形式展示，将"会员折扣卡"以卡片形式展示。

→

Brochure
Design

（六）
画册设计
技巧及案例实操

画册在商业宣传、文化推广、艺术等领域都有着广泛的应用，也属于平面物料中的一种宣传媒体。因此，画册不仅仅是展示内容的一种方式，更是一种创意的表达和品牌沟通的工具，对于品牌推广、市场营销和传播信息都具有重要的意义。

本章从"画册类型与页面编排技巧、画册设计之案例实操"两个方面来解析画册在设计中的技巧与创作要点。本章探讨了不同类型的画册，包括企业画册、产品画册、文化画册等；通过画册的页面构成，总结了封面、目录、内容页等页面在画册设计中的技巧；最后在 8 个画册案例的实操中，通过改前改后的方式直观展示了画册设计的核心要点，为学习者提供一个清晰易懂的设计思路。

01
画册类型与页面编排技巧

画册是用来宣传理念、文化、产品、服务以及其他相关信息的主要载体之一，具有强烈的商业性。精美的画册能让受众快速地获取企业或其他资讯，同时帮助企业塑造良好的形象及提升品牌的知名度，给消费者留下深刻的企业印象。

章节	内容概述	页码
画册类型	企业画册、产品画册、年报画册等五种类型	（238~241）
画册的页面构成及编排技巧	包括封面、封底、目录页、章节页、内容页、页眉和页脚	（241~251）

画册类型

画册根据内容、用途和形式的不同可以分为多种类型，如果按行业来划分可能有上百种不同的画册类型。以下是一些常见的画册类型：企业画册、产品画册、年报画册、文化画册、机构画册。

企业画册

企业画册是用于宣传和展示企业优势的营销工具，通常包含企业的核心价值、愿景使命、企业简介、发展历程、产品服务、客户案例、质量认证和奖项等内容。企业画册的设计通常根据企业的品牌形象和市场定位来进行，旨在体现企业可靠专业的形象，以提高企业的知名度和建立良好的品牌形象。

设计：Candy Robichaux　（目录）　（公司简介）　（团队介绍）　（发展历程）

产品画册

产品画册是市场推广和营销的重要工具，通常包含有关产品的详细信息，包括产品的功能、规格、优势、用途、价格等内容。产品画册有助于向潜在客户传达产品的价值和优势，提高潜在客户对产品的认知度，并促使他们做出购买决策。

产品画册，设计：Olga Donkina

年报画册

年报画册即为年度报告，用大量文字、数据和图表来总结企业每年的业务绩效、财务状况、战略和目标、社会责任、风险因素等方面的内容，通常用于向股东、投资者和其他利益相关者报告。年报画册的设计需要使用图表和其他可视化元素来呈现复杂的数据，以提高读者对信息的理解，并增强报告的视觉吸引力。

年度报告，设计：NEOFOCUS（http://www.neofocus.co.kr/）

文化画册

文化画册通常是介绍文艺汇演、文学作品、艺术活动、特定文化、历史遗产等方面内容的画册。这类画册主要从美学、文化、艺术的角度展示和传达特定主题或内容。

东方艺珍宣传册，设计：韩涛

机构画册

机构画册通常包括教育画册、金融画册、基金会画册、科研画册、政府部门画册、医疗卫生画册、法律与司法画册等。机构画册的内容结构和设计形式应根据机构的性质和目的而有所不同，在设计上既要表现出内容的严肃性，又要在整体和谐中求创新。

医疗服务册子，设计：JSA（jsacreative.com.au）

中国发展研究基金会画册，设计：韩涛

画册的页面构成及编排技巧

画册的页面构成直接影响着读者对内容的感知和理解。内页的版面布局风格应保持一致，不宜过于花俏，以确保读者在信息阅读过程中能够得到顺畅的体验。画册的页面构成部分一般包括封面、封底、目录页、章节页以及内容页。

画册的设计流程

设计流程关系到画册的设计是否成功。在设计画册前，要做好与客户的沟通工作，包括风格定位、品牌文化与产品特点和市场分析，甚至细微到画册文案的梳理和润色、页面设计风格的确定、装订工艺的确定和客户建议等。设计画册时，应根据设计主题与内容需求，将视觉要素通过不同的表现形式和网格系统进行合理的编排。

了解画册的目标受众、用途和信息传递的重点，并收集客户提供的所有必要信息，包括文案、图像、品牌元素等。

研究行业标准和竞争对手的画册设计，分析客户提供的信息。根据研究和分析，确定画册的结构部分和设计方向与思路，包括划分画册各内容的页数、风格定向、确定印刷工艺等工作。

根据划分好的画册结构部分和确定的风格，挑选 6 页左右的内容来设计 1~3 个不同形式的版面布局方案，方便客户筛选与沟通。

在确定版面布局和风格之后，开始进行画册的整套编排的工作，接受反馈意见和修订。完成最终版的画册设计后，根据确定好的工艺与印刷厂商沟通，确保画册能够顺利制作完成。

封面设计

画册的封面（封一）根据画册风格、内容、形式、成本、装订以及印刷等方面进行设计与制作。封面的设计主要从品牌元素、图像选择、文字处理、材质工艺等方面着手。封面主要放置画册的名称、品牌标志、企业公司名信息，封底（封四）则放置企业的联系方式。另外，封面和封底之间应有一定的呼应，以使整本画册看起来更为协调统一。

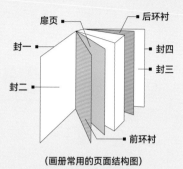

（画册常用的页面结构图）

设计：Miuyan Chow

⬆ 利用标志、企业名称、画册名称、关键词句或品牌的辅助图形，突出画册的独特特征和风格，使封面起到丰富画册核心内容和强化企业形象的作用。

设计：Miuyan Chow

⬆ 选择与画册内容和主题相关的图像作为封面元素，能够传达画册的核心信息。图像一般通过不同的形式展示，能让封面更具有创意和视觉冲击力。

设计：Hoai Phong

⬆ 添加独有的创意元素，如概念性插画或抽象图形，为封面增添设计的独特性。这种设计手法不仅提升了整体美感，还给用户留下深刻的印象。

设计：Miuyan Chow

⬆ 为了突显画册精致而高档的质感，考虑采用印刷工艺（UV、烫金、凹凸、丝印、覆膜、镂空等）、装帧方式（精装、平装、函套装等）以及特殊纸质来展示。

Tips

封面设计完成后紧接着可以设计前环衬页和扉页。通常前环衬页会放置企业的标志或口号，而扉页则放置领导或企业的寄语。不过有些画册在前环衬页直接进行目录或企业简介的内容编排，这些根据具体的设计需求来灵活安排。

242

目录页设计

如果画册包含大量内容，提供目录能起到检索和预览画册内容的功能，有助于读者快速定位到感兴趣的内容。目录一般被安排在扉页之后。目录的设计应当清晰明了、简洁大气，并具备正确的视觉引导流程。以下是目录页设计的主要编排形式。

① 强调特定信息（序号 / 页码 / 章节标题 / 目录字样）

我们可以通过放大、加粗以及调整颜色来强调突显序号、页码、章节标题或目录字样等特定信息，以增强可视化效果，甚至可以借助"线"元素来引导读者的注意力，提高整体设计的美感和用户体验感。

② 添加与内容匹配的图片

在目录中添加与内容匹配的图片，能够使画面更加直观明了，元素的层次感也会更加丰富和充实。另外，在编排的时候，要合理运用网格对信息进行划分，使整体布局更为清晰有序，并提高信息的可读性和条理性。

③ 版面形式化

添加与企业品牌或画册内容相关的图形 / 概念性图像 / 代表性图片，使其占据大比例的版面空间。这不仅能够增添画面的形式感和创意性，还能够深化受众对品牌的印象。

设计：designpurple（www.designpurple.co.kr）

④ 巧妙运用色块

色块能填充版面空白，使页面看起来更加均衡和丰富。不同章节或内容区域选择不同的颜色，可为读者提供清晰的导航线索，并增强信息的可读性和可视性。

设计：Miuyan Chow

设计：slowalk（slowalk.co.kr）

设计：김예진

Superior-Magazine（www.issuu.com）

章节页设计

在画册设计中，章节页通常位于各个主要内容部分的开头，以单页或双页显示。章节页用于区分不同章节或部分的页面，以引导读者进入新的章节内容，并使整本画册更加有完整的结构性。章节页的编排元素通常包括章节标题、序号、页码、图形，以及与该部分内容相关的图像、文字或装饰性元素。需要注意的是，章节页的设计应保持整体的连贯性，与整本画册的风格调性保持一致。以下是章节页设计的主要编排形式。

① 只有文字的编排

根据画册内容和风格调性选择颜色（单色、多色、渐变色）来填充章节页，能快速帮助读者区分不同章节内容的页面。再通过放大重要的文字元素来提升页面的跳跃率，同时调整文字编排的形式，如字与字的叠压、文字横竖编排、切割文字等形式，使版面文字编排有更多视觉上的变化。

设计：Phuong Thaoo

设计：Gustavo Freitas

② 文字＋图片的编排

选择合适的图片，并通过调整图片的大小、位置、视觉效果等方式来编排布局，能更直观地展示该章节的相关内容，同时提高画册的视觉吸引力。

设计：Miuyan Chow

245

设计：The DNC（www.thednc.co.kr）

⬥ 对于图片的处理，不妨大胆尝试不同的滤镜效果，比如在上述图片中，运用"渐变映射 +
彩色半调 + 蒙版"的处理方式，让画面的设计更出彩。这也是改善拍摄效果不佳的图片的一
种有效方法。

中国发展研究基金会 2021 年刊，设计：韩涛

⬥ 左边的图片以跨页的方式展示，右边部分以红色背景为主，包含了小图片和标题文字。

商业航天产品手册，设计：韩涛

⬥ 利用合成技巧将素材打造成超有质感的画面，使页面呈现出极具设计感和创意的视觉形象。

③ 文字 + 视觉符号的编排

结合个性字体、信息图表、图案、插画等视觉符号，创造个性化的版面。这不仅能打
破传统单一的页面布局，还能使画册具有强烈的视觉表现力。设计师需要确保视觉
符号的设计符合画册的主旨和主题调性，并与该章节内容产生紧密的关联。

设计：IM Creative

⬥ 利用章节序号和视觉图形的形式来表达该章节的主要内容，使页面简洁明了而不失设计感。

设计：NEOFOCUS（http://www.neofocus.co.kr/）

◉ 根据章节的内容，采用视觉信息图的形式传达核心信息，并将内容的页码与信息图巧妙结合，以帮助读者更快速地获取关键信息。采用这种视觉化信息图，不仅能解决版面空洞的问题，还能提升画面的设计感。

设计：Credo Design（www.credo-design.com）

◉ 插画具有生动、丰富的图像语言，使用插画可以为每个章节创造独特的视觉风格，能更直观传达章节的主题或核心概念，也使画册更加多样化、有趣。

内容页设计

画册内容页的编排涉及大量的图文信息，比如企业文化、发展历程、组织架构、产品等内容。因此，在编排过程中要确保视觉效果的一致性，同时保持页面之间的连贯性，避免形成断裂感。内容的组织应当明确，信息层级要主次分明。

设计：Rafael Matos da Silva

◉ 在信息量较大的情况下，要借助网格来布局划分各图文的位置和区域。若信息较少，可以通过运用图像、图形、图表，或者填充颜色来提升版面率和图版率，以使画面更具设计感。

对于内容页的编排，需要考虑每个页面所承载的信息量，再通过图文的编排、网格的运用、留白的把控、颜色的搭配以及信息图形化设计等技巧，有效传达每页内容信息。以下是内容页常见的编排技巧。

① 借助网格建立有序的页面结构

网格系统有助于建立有条理、统一化的页面布局结构。利用设置好的网格将图文信息划分并布局到不同区域，同时借助网格线还能对齐元素，甚至能准确衡量元素之间的距离，使页面的排版更为精致和规整。尤其是在编排拥有大量信息的页面时，运用网格系统能够有效提高设计效率和质量。

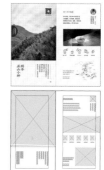

⬤ 以上页面使用网格线间隔为 7.5 点、子网格线为 5 点所形成的文档网格系统，利用网格能更快速分配文字和图片，并便于组织文字信息和对齐各种视觉元素。

② 信息图的运用

作为一种视觉形象化的手段，信息图不仅可以有效地传达信息，还能带来全新的视觉感受。将普通的文稿运用信息图呈现，并在设计布局上兼顾阅读体验，能提升设计质感。

Deloitte 会计师事务所手册，设计：design purple（designpurple.co.kr）

⬤ 画册设计总会遇到少字少图的情况，若不添加其他素材，画面可能显得缺乏设计感。应有意识地将关键文字通过信息图形化呈现，运用图表等样式，使版面呈现更为专业和吸引人的视觉效果。

Tips 　了解更多有关"视觉信息图"的运用，请翻到本书第 73~77 页。

③ 图片的处理

图片在版面中占很大的比重，它的视觉冲击力远远超过文字。编排图文时，需要考虑图片的展示方式和视觉效果的处理技巧。图片的大小、形状、色调、视角或像素等因素都会影响版面的视觉效果和画面质感。如果想通过图片来打破网格的单调性，则可以尝试运用出血图或去底图的方法，甚至在图片上形成新的编排方式。

⬤ 如何通过图片来打破版面编排的单一性？尝试将图片进行放大处理，使其跨越页面边缘，覆盖两侧的出血区域。这种出血图的运用能极大地提高图版率，让画面更加饱满且具有吸引力。再将右侧页面的文字安排在图片上，使图片与文字形成互动关系，也让版面的信息编排更显关联性和创意。

④ 添加有效的色块或底色

添加有效的色块或底色是能快速解决很多设计问题的一种方法。例如在缺少图片或其他素材的情况下，当版面层次感不够显著或视觉效果不够强烈时，增加色块或底色可以迅速提升画面的丰富度和层次感。此外，添加色块还可以起到聚焦、强调、整合信息、区分对比、修饰的作用。

⬤ 图片的展示方式不一定局限于矩形，还可以通过其他的形状呈现，这样能让版面的编排更显张力和灵活性。如果想让画面看起来不那么"平"，则可添加与画册整体风格相协调的色块作为"面"。这不仅能提升视觉层次感和丰富版面，还能区分内容和建立更有结构性的布局，并提高信息传达的效果。

页眉和页脚设计

在画册设计中，页眉和页脚通常是指分别位于页面顶部和底部的区域。页眉通常放置标题、企业标志或者页码等信息，而页脚一般放置页码、联系信息、企业标志等信息。另外，页脚区域也可以不放置信息，这个视整体画册风格和版式而定。页眉和页脚不仅方便检索，还能提升版面精致感和统一性。以下总结了4种页眉和页脚的编排技巧。

①"放大"关键信息

将关键的信息进行"放大"处理，形成大小的对比。例如将页码放大，并放置在页眉区域。另外，页眉的设计应简洁明了，避免与主要内容产生冲突，以不干扰阅读为原则。

②添加"线"进行编排

"线"在版式中的作用主要包括强调重点、明确分隔、引导视觉、丰富画面和提升精致感。在与页眉和页脚结合使用时，要考虑线条的具体功能，避免盲目添加。注意控制线条的粗细和长度，以确保其效果与整体设计协调一致。

③ 添加"色块"或"颜色对比"

巧妙运用颜色，可以引导读者的视线，突出重要信息，使其更容易被注意到。颜色还可以用来区分不同的信息或板块，增强页面的组织性和逻辑性。无论是将颜色用于文本还是作为色块使用，都能增强信息传达的有效性和视觉吸引力。

④ 页眉和页脚的"位置"调整

根据画册的设计需求，可以适当调整页眉和页脚的位置。例如，将页码和标题放在页面的左侧或右侧，打破常规编排。虽然这种变化可能显得有些夸张，但依然得体，使画册内容的特征更加鲜明突出，给受众带来全新的体验。

Tips

页眉和页脚用于帮助读者定位章节。不过，并非所有画册和书籍都需要它们。如果内容较少，可以省略页眉和页脚的显示，这应根据实际设计需要来调整。

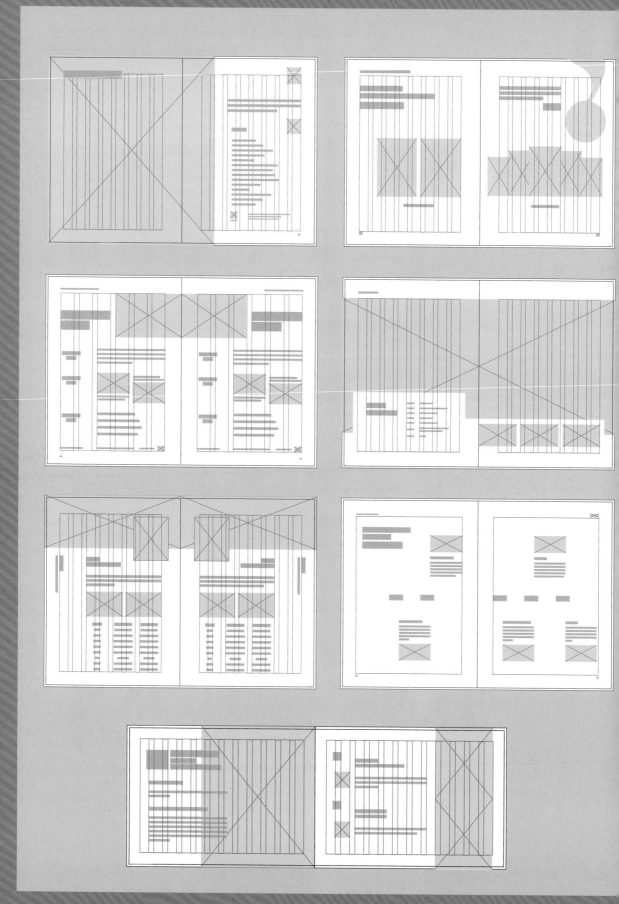

02

画册设计
之案例实操

案例 01:
如何让版面更有吸引力和专业性

Before

① 中英文字体搭配不协调,影响整体画面质感。

② 文字编排方式单一,可结合网格和视觉信息图展示更多编排变化。

③ 信息层级变化不够明显,难以突显重要的信息。

④ 画面色彩较为单调,可尝试运用色彩来突出和区分两个页面的信息。

行业：教育机构行业

设计尺寸：210 mm × 285 mm

投放载体：对外宣传册子

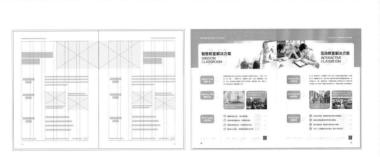

① 中文字体为鸿蒙 HarmonyOS Sans，英文字体为 Aileron。

② 将主标题文字与序号进行叠压编排，并放置在图片的左 / 右侧。

③ 左右页面分别以橙红色和绿色为主，重要信息则通过色块和箭头符号的形式展示。

④ 副标题放在页面左侧，主要信息文字放在页面右侧，以不均等两栏的网格编排。

案例 02:
如何改善画面的单调性

① 标题文字字体为手写体，偏向于随性，建议更换为黑体，会更符合画册内容的属性。

② 页面文字编排显得过于普通，难以吸引读者的注意，导致重要信息的传达效果有限。

③ 建议添加一些图形化的元素，以丰富画面，使画面有更多的视觉变化。

④ 对图片进行外观处理，以提高整体的层次感。

行业：教育机构行业

设计尺寸：182 mm × 257 mm

投放载体：对外宣传册子

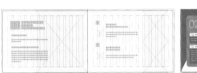

① 标题中文字体为鸿蒙 HarmonyOS Sans，英文字体为 Muli。

② 为标题添加序号，并加入有效的色块和图标，提高画面的丰富度和引导读者视线。

③ 对左页面的图片进行去底，提取人物，将背景转为黑白效果，并在背景上叠加
一层绿色渐变图层，使背景与人物呈现出视觉上的层次感，并使画面更加协调。

案例 03:
如何让版面更具有高级感

Before

① 中英文的字体选择不合适，版面显得粗糙不精致。

② 版心尺寸太大，使页面过于拥挤，同时可能会影响印刷裁切。

③ 右页面的文字编排太过普通，无法吸引读者，重要信息的传达效果有限。

④ 信息排布过于统一，缺乏明显的差异性，导致读者不知道应该看哪里才好。

行业：建筑行业

设计尺寸：210 mm × 285 mm

投放载体：对外宣传册子

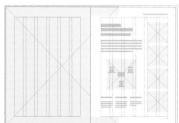

① 中文字体为鸿蒙 HarmonyOS Sans，英文字体为 Tunga。

② 将版面设置为六栏网格，左页面的图片以满铺跨页的方式展示。右页面的文字占据四栏网格，而图片则占用两栏网格，使整体画面具有灵动感。

③ 当版面信息量过少而使版面的丰富度不足时，可以对信息进行视觉图形化处理。

案例 04：
如何提升版面的视觉层次感

① 所选用的字体为软件默认字体，与主题的简洁现代感不够协调。

② 虽然内容文字信息量少，但也不能简单粗暴地通过增大文字来填补版面空白。

③ 文字间距过于紧密，且排列显得相对普通，建议将信息以表格的形式呈现。

④ 页面的布局给人一种未完成的感觉，这导致整体画面显得不够美观。

行业：室内设计行业

设计尺寸：210 mm × 285 mm

投放载体：对外宣传册子

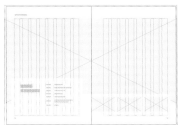

① 中文字体为鸿蒙 HarmonyOS Sans，英文字体为 Aileron。

② 由于内文信息量较少，因此通过放大图片来提高版面率。需注意图片的大小对比。

③ 内文以线性表格的形式呈现，再以颜色对比来增强文字的层级关系。

④ 添加色块，使版面更具有视觉层次感和冲击力，也让文字信息更突出醒目。

案例 05:
如何让版面具有设计质感

① 在工业产品介绍中使用宋体来编排,与工业产品的机械理性感不匹配,应选择黑体。

② 虽然版面元素排列得比较整齐,却缺少设计感。

③ 页面中的表格信息编排太过普通,容易使读者产生阅读疲劳。

④ 尝试对图片进行外观效果的处理,以突显其设计感。

行业：工业行业

设计尺寸：210 mm × 285 mm

投放载体：对外宣传册子

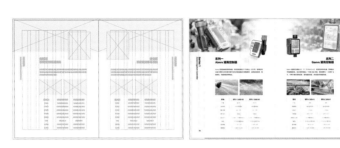

① 中文字体为鸿蒙 HarmonyOS Sans，英文和数字字体为 Aileron 。

② 版面采用八栏网格，其中主要信息占六栏，产品图以三边出血方式置于页面上方。

③ 将图片去色，再添加黄色图层并设置为"正片叠底"混合模式，同时应用"图
层蒙版"，利用"黑白渐变"填充图层蒙版，使图片的最终效果如上图所示。

案例 06:
如何让画面具有设计感

① 文字间距和大小的调整不够协调，导致文字的灰度分布不均匀，影响阅读体验。

② 内文信息的层级变化相对单一，使整体版面显得过于单调。

③ 尽管整体布局看起来整齐简洁，但编排方式显得过于刻板，缺乏吸引力。

④ 画面缺乏变化，建议增加一些设计元素以提升视觉张力。

行业：互联网行业

设计尺寸：210 mm × 285 mm

投放载体：对外宣传册子

① 中文字体为江城圆体、鸿蒙 HarmonyOS Sans，英文和数字字体为 Arial Rounded。

② 添加箭头作为图形元素，将年份数字进行放大，并置于箭头图形上，以突显时间节点。再运用直线连接每个年份对应的图文信息，以起到引导作用。

③ 为了填充版面空白，背景再加入箭头图形，进一步提升画面的丰富度和层次感。

案例 07:
如何摆脱版面编排的过时感

① 中英文的字体选择不合适，显得版面粗糙且缺乏质感。

② 右页面的图片使版面显得俗气过时，建议更换为现代简洁的图片素材。

③ 整体版式显得过于普通和单一，使得画面缺乏变化，建议增加一些设计元素。

④ 在处理荣誉证书时，可以考虑添加相框进行展示，以提高整体的精致高级感。

行业：电子科技行业

设计尺寸：210 mm × 285 mm

投放载体：对外宣传册子

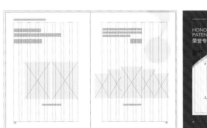
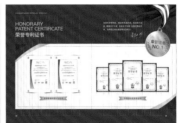

① 中文字体为思源黑体，英文字体为 Muli。

② 将版面填充为红色（CMYK: 35,100,100,0），并添加黄白色的矩形横跨两页面。调整证书的大小和位置，效果如上图所示，使其在视觉上更为突出醒目。

③ 在右上角放置奖牌素材，并在奖牌上添加相关的文字，以丰富并细节化整体设计。

案例 08:
如何提升版面的丰富度

① 为了解决画面空洞的问题，强行将内文字号加大，这样会影响整体的视觉美感。

② 文字的编排单一，缺少设计感，容易导致视觉疲劳。

③ 整体版面显得单调，缺乏明显的节奏感。

④ 建议添加符合画册内容属性的图标、图示等信息图，来提升版面的设计感。

行业：医疗行业

设计尺寸：210 mm × 285 mm

投放载体：对外宣传册子

① 中文字体为江城圆体，选用合适的字号、字距和行距，使其带来良好的阅读体验。

② 将左页面上侧的色块延长至右页面，将两页面连接起来，以提高整体的连贯性。

③ 添加与内容属性相符的图标来提升画面的图形感，使信息逻辑更清晰明了。

④ 将"检查项目"那块文字以"单张"形式呈现，通过直观易懂的方式传达信息。

→
Graphic
Material
Design

(七)
平面物料设计
技巧及案例实操

平面物料通常指的是平面设计领域中用于传达信息的平面媒体和材料。在广告、市场营销和品牌推广中，平面物料是一种重要的传播工具，可以通过图形、文字和颜色等元素来传递信息，包括但不限于海报、宣传单页、名片、宣传册、广告横幅、包装等。平面物料设计的目标是吸引目标受众的注意，传递清晰的信息，并强化品牌形象。

本章从"平面物料知识及编排技巧、平面物料设计之案例实操"两个方面揭示平面物料设计经验与技巧，旨在帮助读者更快速地掌握设计要点，使读者在设计工作中能更轻松地应用这些知识。

01

平面物料知识及编排技巧

在广告、市场营销和品牌推广中，平面物料是一种重要的传播工具，目标是吸引目标受众的注意，传递清晰的信息，并强化品牌形象。

章节	内容概述	页码
平面物料的概念	阐述平面物料的定义	(272~273)
平面物料的作用	是与受众直接互动的重要工具	(274)
折页设计	解析折页常见的折叠类型及编排技巧	(275~278)
宣传单设计	总结宣传单编排要点	(279)

平面物料的概念

平面物料是指在品牌宣传、商业广告或各类活动等场景中使用的线下宣传工具，包括海报、宣传单、画册、折页、名片、展示板、旗帜等。平面物料的设计流程主要包括需求分析、概念设计、初步设计、校对、细化设计、设计确认、制作输出文件、对接印刷、生产和落地。

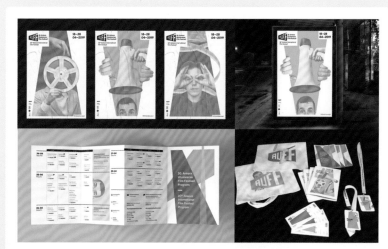

项目：Ankara Film Festival Identity Design Graduation Project，设计：Arzum Şentürk

例如在策划某个展览活动时，需要大量的物料来宣传活动，包括展览主视觉海报、宣传手册、宣传单、名片、邀请函、入场券、工作证、服饰、旗帜等线下宣传物料。

平面物料设计是根据策划的方案，确定设计的整体方向，包括色彩、排版、图形风格等，设计出统一的视觉画面。

设计：Nóra Demeczky (DE_FORM Studio)、Enikő Déri (DE_FORM Studio)、Hunor Kátay (Explicit Design Studio)、Sebestyén Németh (Explicit Design Studio)、Szilárd Kovács (Explicit Design Studio)

2022 布达佩斯民族学博物馆品牌标识与视觉形象设计的灵感之一源自建筑师 Ferencz Marcel（NAPUR Architect 建筑事务所）的纪念性建筑，而标志的图形元素是将四大洲巧妙融合成一个形状，目的是打造一个充满多元文化的视觉形象，象征博物馆藏品主题的多样化世界。

平面物料的作用

平面物料在品牌建设、宣传推广和销售过程中发挥着不可或缺的作用，是企业与受众直接互动的重要工具。高质量的物料设计，能够帮助消费者更好地了解相关内容，从而加强品牌形象，推动产品或服务的宣传与营销。

RECIPE all day cafe，设计：Miz Tsuji（www.miz-tsuji.com）

以上是来自日本设计师 Miz Tsuji 的咖啡品牌设计案例。品牌辅助图形的延展，不仅能够丰富实际应用中的视觉设计，尤其在传播媒介中可以丰富整体内容、提高视觉美感，而且能够强化品牌形象在受众心目中的印象。

折页设计

折页作为一种流动广告形式，广泛应用于纸质媒体宣传，是线下推广中常见的宣传工具。相较于宣传单和画册，折页在内容呈现上更具清晰度和全面性。它介于宣传单和画册之间，相比宣传单形式更丰富、可容纳的信息更多，相比画册更为便捷、更为经济。这也是很多公司选择折页的原因。

(折页设计的基本流程)

折页常见的折叠类型

在进行折页设计之前，首先要根据设计目标、折页承载的信息量、折页成本以及创意考量，选择合适的折叠类型和工艺方式，规划折页每个页面的信息，从而进行版面编排的设计。以下是整理出的 6 种常见的折叠类型。

对折

对折也叫单对折，它只需要折叠一次，是最简单的折法。

荷包折

荷包折又叫卷心折，是由外向内的折叠法。设计：韩涛

 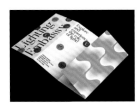

双对折

双对折，即对折再对折，也是较为常见的折法。设计：DE_FORM Studio

风琴折

风琴折，像扇子一样的折法。设计：Freepik (www.freepik.com)

关门折

关门折（有两折线），由左右向内折叠，就好像关两扇门。

关门折再折

关门折再折，就是关门再对折（有三折线），这样就变成四折页了。

创意的折页设计

除了上述常见的折叠类型之外，在考虑品牌调性和客户接受度的情况下，可尝试一些更有创意的折叠方式、特殊工艺、纸张材质、折页造型或异形裁切，这样做会让折页变得有趣新颖，提高受众的体验感，从而给受众留下更深刻的印象。

Portraying the Joseon Scholars in Miryang，设计：DOTS

🔺 将折页某些页面裁切成异形，使其与常规的折页形成差异，创造出独特的视觉体验。

The Crux & Co. Cake ，设计：Hue Studio

🔺 尝试打破传统常规折页的造型设计，例如采用圆角矩形、圆形、三角形、平行四边形等形状，以突显折页的创意与吸引力，同时增加用户对折页的兴趣。

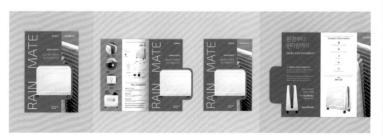

Rain Mate 产品目录折页，设计：JJY 센빠이

🔺 使折页封面设计打破传统，采用另类的页面造型设计，使露出的部分与封面元素起到相互的作用，展开折页的时候又得到一种全新的视觉体验。

折页版面编排 5 大技巧

折页的版面编排不同于宣传单和海报，它更需要考虑连贯页面的图文编排，因此更加要考验设计师的设计能力。以下是总结的 5 种折页版面编排技巧。

① 简洁明了的标题格式

每个设计的标题编排都十分重要，能直接影响版面的布局效果。在折页设计中，标题的编排并不需要过于复杂，也无需过多的装饰元素，关键是能够有效传达信息，同时符合整体版面的调性。

② 添加序号 / 字母，强化阅读体验和整体视觉图形化

如果折页的折叠方式较为复杂，或者折页包含大量信息，可以考虑利用序号或字母进行布局。这不仅有助于读者轻松阅读和查阅，还能使信息更加有条理。此外，序号和字母本身也属于图形，从而有助于提升整体的图形化效果。

Tips 将序号或字母与标题结合一起编排，形成强烈对比，还能提高文字跳跃率，使画面更有韵律感。另外，这种标题编排技巧同样适用于画册版式设计。

③ 运用色块，提升层次

色块在折页中主要起到区分、突出、填充、连接和提升版面层次感等作用。通常会将某个页面填充颜色，或在局部区域添加色块。若对色块运用得不够熟练，对某个页面填充颜色是一种较为保守而有效的做法。

首尔医院耳鼻喉科折页，设计：솔워크

④ 将图像放大 / 横跨页面

将图像放大或跨页是常用的处理方法，在折页中同样有效。特别在信息少的情况下，将图像放大或跨页能提升版面率，解决版面空洞问题，使作品变得相对灵活很多。需要注意的是，跨页的时候，折痕位置不要压到图像的重要部分。

Tourist Coffee，设计：Nathaly Cuervo　　　　设计师：Kevin Tran

⑤ 运用网格辅助编排

对于设计新手来说，如果要编排文字特别多的内容，可考虑使用分栏网格作为辅助工具。这样不仅可以缓解读者阅读大篇幅文段时的疲劳感，还能提供足够的版面空间。

⬆此页面运用了四栏网格的编排方式，文本内容和部分图片分别占据了两栏的位置，而图片的位置和大小则根据页面的视觉平衡进行调整。网格线可以帮助对齐元素，使版面显得更加整洁和舒适。

宣传单设计　宣传单也是线下推广中常见的宣传物料，通俗来说就是平常说的传单，它可选择双面印刷或单面印刷。虽然宣传单和海报都是常见的宣传工具，但它们在设计和用途上存在一些区别，包括尺寸、分发方式、信息密度和传达目的等方面。

宣传单编排技巧

宣传单通常采用正反两面来编排设计。正面一般以图像或大字标题的形式展示重要的内容，达到吸引受众的目的。反面展示其他相关信息，通过网格来编排出清晰有序的版式。

① 正面

正面主要突出主体的刻画，它能直接影响宣传单的吸引力，也决定着信息是否能够有效地传达出去。主体通常根据其在版面中的相对面积、构图方式以及创意形式来刻画。

⬤ 主体占正面的 2/3 以上，使用图片塑造画面，主要信息放置主体的中心，其他信息放在页面下方，整体形成上下构图。

② 反面

宣传单的反面通常承载更多其他信息的内容。在这种情况下，采用网格能够更轻松地组织内容，确保页面布局整齐有序、信息清晰明了，并提高整体设计的专业感。

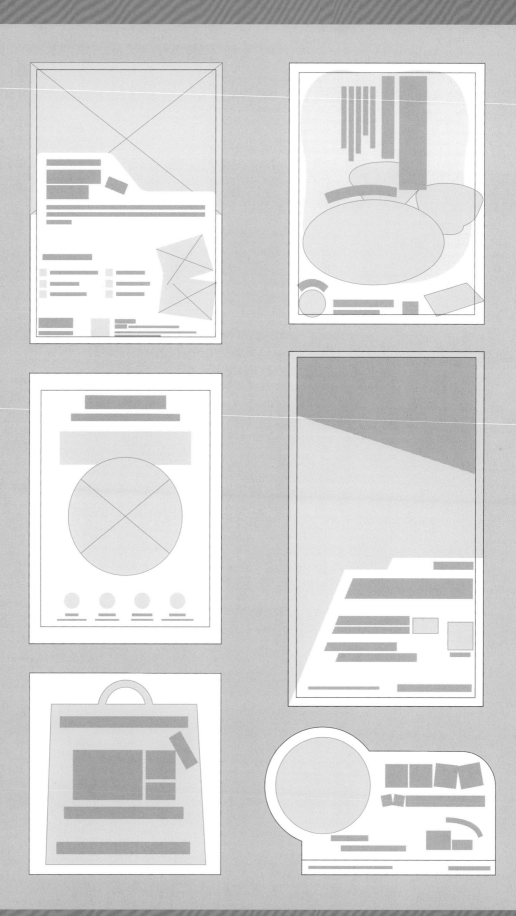

02

平面物料设计
之案例实操

案例 01：
如何提升画面的质感和层次感

① 所选字体体现不出高级的科技感，并降低了画面的质感。

② 整体画面单调生硬，缺乏空间层次感。

③ 建议对图片进行修饰，以使其更富有吸引力和视觉层次感。

④ 考虑添加符合内容属性的图标，这将有助于提升版面的设计感。

行业：消费电子产品行业

设计尺寸：250 mm × 180 mm

投放载体：对外发行宣传单

① 中文字体为仓耳渔阳体、思源黑体，英文字体为优设好身体、Public Sans。

② 调整英文文字的外观，呈现出 LED 霓虹灯的效果，使其与科技主题更加匹配。

③ 添加背景图，并调整产品和背景的色调、光影，使整体融合得更自然和谐。

④ 下部分功能描述的信息，采用图标形式展示，使设计更简洁且具有形式感。

案例 02：
如何使版面具有活跃感

Before ✕

① 图文布局显得单一，突显不出有活力的主题氛围。

② 文字的编排缺乏层次，未能突出主要信息内容，整体给人一种半成品的感觉。

③ 上部分正文段落行距过于紧凑，而且段落没有对齐，降低了信息的可读性。

④ 画面配色过于单调，缺乏感染力和视觉冲击力。

行业：教育机构行业

设计尺寸：250 mm × 180 mm

投放载体：对外发行宣传单

① 中文字体为联想小新潮酷体、思源黑体，英文字体为 Acumin Variable Concept。

② 选取其中一张图进行放大，并置于页面上部，与其他两张图形成明显的大小对比。

③ 调整各层级文字信息的字号和行距，为某些信息添加图标，以提升信息的可视化。

④ 添加色块，以与其他信息区区分开，而颜色的对比起到聚焦、区分的作用。

案例 03：
如何让画面具有主题氛围感

Before

① 选择过多类型和风格的字体，可能会导致画面显得凌乱，难以突显出画面的氛围和质感。

② 文字的编排显得杂乱，未能突显主要信息，整体给人一种不完整的感觉。

③ 整体呈现未能突出日式风格的氛围感。

行业：餐饮行业

设计尺寸：148 mm × 210 mm

投放载体：室内桌面广告立牌

① 字体为玉ねぎ楷書激無料版、刻石录颜体、梦源宋体、芫菱。

② 竖排文字遵循大小、颜色、粗细对比的原则，使信息层次清晰。

③ 整体以柔和的米色色调为主，背景添加纸质的纹理和日式图形，增加日式氛围的调性。在画面中间添加一个随性绘制的白色色块，更加提升整体的层次感。

案例 04：
如何使画面更有图形视觉感

Before

① 选择过多样式的字体可能使画面失去协调感，显得不够美观。

② 文字排列缺乏明确的层次，导致整体画面显得单调，视觉效果较为一般。

③ 尝试添加色块或图形元素，这样可以提升画面的图形视觉感和吸引力。

行业：服装行业

设计尺寸：500 mm × 500 mm

投放载体：室外促销广告门店立牌

① 字体为 Rounded-L Mgen + 1cp black。

② 以纸袋的图形为画面主体，与背景形成明显的视觉对比，同时增强画面的视觉感。

③ 将其他信息居中排列，突显重要内容的同时，放大、加粗和改变字体颜色，使信息层次分明，让消费者能够迅速获取关键信息。

案例 05:
如何让画面有趣且吸引消费者

Before ✗

① 所选用的字体未能体现出画面的质感，甚至略显粗糙。

② 整体的图文布局编排显得过于单调普通，缺乏吸引人的视觉感。

③ 背景使用渐变色，看起来显脏且单调。

④ 画面的完整度不高，这使整体效果显得不够专业和美观。

行业：餐饮行业

设计尺寸：400 mm × 250 mm

投放载体：室内促销广告异形立牌

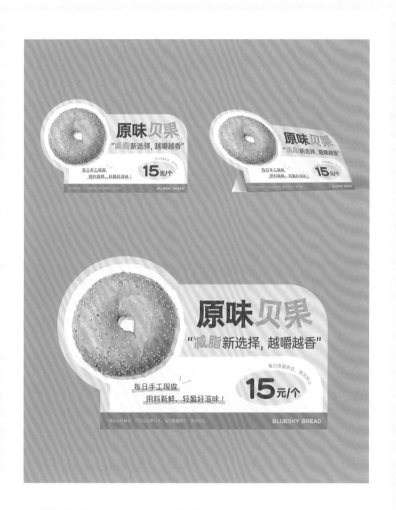

① 字体为 OPPO Sans、手札体、Aqum two。

② 将广告牌以异形形式展示，能有效提升设计感和吸引力。

③ 添加色块，加强画面的层次感，同时区分信息区域。根据信息的重要性来调整
文字的大小、颜色和位置，并加入线条等元素，进一步提升版面的细节感。

案例 06:
如何提升画面的视觉吸引力

Before

① 字体搭配不协调，使整个页面显得凌乱，也导致画面无法突显重要信息。

② 文字编排导致画面不协调，出现过多空洞位置，减弱了整体的视觉效果。

③ 整体版面单调，影响了视觉美感，需要添加更多元素以提升整体吸引力。

行业：体育健身服务行业

设计尺寸：850 mm × 1500 mm

投放载体：室外促销广告门店展架

① 字体为联想小新潮酷体、阿里巴巴普惠体。

② 将大标题放大并做倾斜调整，置于版面上方，以实现更好的视觉效果和信息传达。

③ 将其他信息放置在版面下方，同时结合色块，提升画面的层次感。将信息层级
  罗列清楚之后，通过色彩、大小、位置等调整实现视觉化。

感 谢 您 的 阅 读 ~

致 谢

在此感谢我的朋友、读者和粉丝们，你们的鼓励和支持让我在书写的道路上不感到孤单。与你们分享我的设计经验和想法，让这本书更具实用性和价值。愿这本书能为您带来启示，激发您的创意，成为您设计之路上的得力伙伴。